에네르기 팡

에네르기 팡

지속가능한 미래를 위한 패러다임 뒤집기

글·그림 **박동곤**

생각의힘

들어가며

자동차를 몰고 짙은 먼지구름을 내뿜으며 신 나게 질주하고 있는 어느 운전자가 있다. 그늘진 숲과 아름다운 오아시스를 그대로 지나쳐 오지의 험로에 들어섰다. 지금까지 지나쳐 온 곳보다 훨씬 더 아름답고 풍요로운 곳을 찾는 것마냥 운전자의 질주는 멈출 줄을 모른다.

그런데 이 운전자는 자동차의 계기판이 고장 난 사실을 모르고 있다. 계기판이 고장 난 것을 모르는 운전자는 그동안 자동차의 속도와 연료도 체크하지 않은 채 무작정 앞으로만 질주하고 있었던 것이다.

겨우 계기판 하나가 고장 났을 뿐인데, 이 운전자는 더 이상 안전하지 않다. 비상시를 대비하여 아무런 준비도 하지 않았던 운전자는 아무리 힘차고 신 나게 달려도 아슬아슬하기 이를 데 없다. 연료가 바닥나면 언제, 어디서 갑자기 멈추어 설지 전혀 알 수 없기 때문이다. 자동차가 고장이 나서 멈추어 선 것이라면 수리를 하고 다시 달리면 되겠지만, 연료가 바닥난 것이라면 더 이상 어쩔 도리가 없다. 아무리 힘 좋고 잘 달리는 자동차라도 연료가 떨어지면 고철에 불과할 뿐이다.

멀리 앞을 내다보는 현명한 운전자라면 항상 여분의 연료를 남겨 놓기 마련이다. 연료가 얼마 남지 않았다는 사실도 모른 채 무작정 속도를 내서 계속 달리는 것처럼 어리석은 짓은 없다. 자신이 가진 모든 것을 낮은 확률에 거는 무모한 도박꾼처럼 연료가 바닥나는 그곳이 광활한 오지의 한가운데만은 아니기를 기도하고 있는 꼴이다.

계기판이 고장 난 자동차는 바로 지금 우리가 영위하고 있는 고도로 발달된 과학기술 문명을 상징한다. 그리고 그 운전자는 바로 우리 인류의 모습을 반영하고 있다. 인류는 자신의 어깨 위에 드리워져 있던 노동의 멍에를 벗어 던지고 과학과 기술이라는 자동차 위에 올라앉아 핸들을 잡고 있다. 그러고선 한동안 연료에 대한 걱정 없이 신나게 달려 왔다. 하지만 이 자동차는 끊임없이 채워지는 마술의 연료 탱크를 달고 있는 것이 결코 아니다. 연료통은 언젠가는 반드시 바닥나게 되어 있다.

금세기에 들어오면서 자동차에 이상이 있다는 징후가 여기저기서 나타났다. 수시로 자동차 엔진이 푸드덕거렸고, 아주 가끔은 차가 멈추어 서기도 했다. 이러한 이상 징후를 느끼면서도 그동안 우리는 이에 대해 안이하게 대처해 왔다. 가장 가까운 오아시스까지는 아직도 한참을 가야할 것 같은데 이 오지의 한가운데서 연료가 바닥나면 자동차를 운전하는 우리 인류의 앞날은 어떻게 될 것인가?

연료가 아직 충분할지도 모른다는 근거 없는 예측에만 희망을 걸고 이제까지 해 왔던 것처럼 그대로 무작정 달릴 수는 없다. 무엇을 해야 할지는 분명해 보이는데 생각은 복잡하다. 만약 모든 인류가 한 대의 대형 버스에 탔더라면 결정은 아주 쉽고 간단했을 것이다. 속도를 줄이면서 불필요한 기기의 작동을 멈추고 남아 있는 소중한 연료를 최대한 효율적으로 사용할 방법을 찾았을 것이다.

하지만 지금 인류는 각기 다른 여러 대의 자동차에 나누어 타고 있다. 서로 앞서 가려는 경쟁심에 불타는 운전자들은 그동안 해 왔던 방식을 포기하지 못한 채 선택의 버튼만 만지작거리고 있다. 연료가 바닥나는 한이 있더라도 일단 경쟁에서 이기고 볼 것인지 아니면 당장은 뒤쳐지더라도 연료를 아껴서 살아남는 다른 길을 모색할 것인지를 두고 서로의 눈치만 살피고 있다. 인류 문명의 기하급수적 성장을 견인했던 바로 그 경쟁심이 이제는 인류를 매우 심각한 위험으로 몰아넣고 있는 것이다. 이것이 바로 지금 우리 인류의 모습이다. 그렇다면 그 안에서 각 나라들은 어떤 방식으로 자신의 살 길을 모색하고 있을까?

2012년에 오바마 대통령은 대선을 앞두고 2011년을 기점으로 미국이 원유 수입국에서 수출국으로 돌아섰다는 매우 짧지만 의미심장한 발표를 했다. 핵심 메시지는 미국의 중동 원유에 대한 의존율이 제로가 된다는 것이다. 그런데 그 내용을 들여다보면 이와 같은 목적을 달성하기 위해 온갖 무리수를 동원했다는 흔적이 역력하다. 캐나다에서 샌드오일을 들여오면서 방대한 넓이의 온대삼림을 파괴했을 뿐만 아니라 극심한 환경오염을 유발한다는 국제적 비난을 샀다. 또 주민과 의회의 반대를 무릅쓰고 지하수와 토양을 심각하게 오염시키면서 셰일가스와 셰일오일의 채굴을 강행했다. 게다가 바이오에탄올 생산을 늘리면서 방대한 넓이의 삼림과 표토를 훼손했고 국제적인 곡물 가격 상승을 촉발하여 국내외 전문가들에게서 심한 비난을 받았다.

그런데 우리가 특히 주목해야 할 것은 그와 같은 '중동 원유 제로' 정책이 지난 부시 정권은 물론 그 이전부터 시작된 장기적이고도 종합적인 계획에 의거하여 강행되다시피 진행되어 왔다는 사실이다. 이것이 무엇을 의미하는지를 이해하려면 1973년의 1차 오일쇼크를 되돌아볼 필요가 있다.

1973년에 중동 산유국들이 원유 수출을 중단하면서 원유값이 급등하여 전 세계적으로 극심한 원료 부족과 주식시장 붕괴를 야기한 1차 오일쇼크가 발생했다. 이 사태로 미국 국민들은 국내 유전들이 소위 원유 생산량 정점에 도달했다는 충격적인 사실에 직면하게 되었다. 국내에서 생산되는 원유가 줄어들면서 1960년대 이후 꾸준히 늘어난 에너지 수요의 대부분을 중동 원유에 의존했던 대가를 톡톡히 치렀던 것이다.

2008년에는 신뢰성 있는 매장량 자료를 근거로 하여 여러 관련 학자들이 전 세계 원유의 생산량 정점을 제시했는데, 그 시점이 바로

2015년이다. 만약 이 예측이 맞는다면 지금 인류는 원유의 시대가 내리막길로 들어서기 시작하는 언덕 꼭대기에 서 있는 것이다. 미국 정부가 최근 십여 년에 걸쳐 중동 원유에 대한 의존율을 낮추기 위한 에너지 정책에 온갖 무리수를 두며 안간힘을 쓴 이유를 엿볼 수 있다.

생산량 정점을 추정한 자료들에 따르면 대부분의 주요 자원들이 이미 정점을 지났거나 2050년 이전에 모두 정점에 도달할 것으로 예측되고 있다. 일부 자원에 대해서는 이미 완전 고갈 시점까지도 점쳐진다. 예를 들면 헬륨은 이미 정점을 지나 생산량이 급격히 감소했고 40년 후에는 완전히 고갈될 것으로 예상된다. 금도 이미 2000년경에 정점에 도달한 것으로 추정되며, 우라늄은 1980년대에 1차 정점에 도달했다가 2030년경이면 2차 정점에 도달하면서 생산량이 급격히 감소할 것으로 예상된다. 구리, 니켈, 코발트 등 중요한 자연자원들도 예외는 없다.

학자들마다 주장하는 정점의 시기는 다소 차이가 있지만 전체적으로 보았을 때 산업혁명 이후 지난 한 세기에 걸쳐 인류는 지구 상에 존재하는 자원의 50% 정도를 소비했다고 한다. 그렇다면 자원의 나머지 반을 남겨 둔 현 시점에서 우리에게는 아직도 한 세기라는 여유가 남아 있는 것일까? 전혀 그렇지 않다. 2012년에 70억 명을 돌파하면서 계속 증가하는 세계 인구, 갈수록 늘어나는 일인당 자원 소비량, 그리고 소비를 부추기는 경제 패러다임과 과학 기술의 발달 등의 요인들이 중첩되면서 현재 인류의 자원 소비량은 기하급수적으로 늘어나고 있다. 지금 추세대로라면 여유를 부릴 수 있는 시간이 기껏해야 이삼십 년밖에 되지 않는다. 현실을 제대로 직시하고 나면 정말이지 목 뒤가 서늘해지지 않을 수 없다.

지금 우리는 이제까지와는 다른 전혀 새로운 시대를 향해 나아가고 있다는 사실을 직시해야 한다. 이제까지는 모든 자원이 풍부해서 어디에 묻혀 있는지 찾아내기만 하면 되는 시대였지만, 앞으로는 모든 자원이 부족해지면서 어떻게 하면 남아 있는 소중한 자원을 최대한 효율적으로 사용할 지를 고민해야 하는 시대가 될 것이다. 지금까지 발전과 번영만 추구했던 시대였다면 이제부터는 생존을 고민해야 하는 시대가 된 것이다.

자연자원의 고갈국면으로 들어가면 그 어떤 자원보다도 중요해지는 것이 바로 에너지 자원이다. 에너지 자원은 바로 우리가 올라타고 있는 현대 과학기술 문명이라는 자동차의 연료이기 때문이다. 형편없는 차라도 연료만 있으면 그럭저럭 견딜 만하지만 아무리 최첨단 고급차라도 연료 없이는 아무짝에도 쓸모가 없다. 남아돌아갈 정도로 연료가 많던 시절에는 누가 좋은 차를 소유했느냐가 힘의 판도를 결정했지만 전체적으로 연료가 부족해지기 시작하면 누가 연료를 쥐고 있느냐에 의해 모든 것이 요동치게 될 것이다.

우리나라는 작은 나라임에도 불구하고 최첨단의 고급차를 몰며 강대국들과 어깨를 견주어 왔다. 그런데 이 고급차를 잘 들여다보니 연료통이 보잘것없다. 국가 전체가 소비하는 에너지의 35%를 우라늄에서, 그리고 나머지를 화석연료인 석유, 석탄, 천연가스로 충당하고 있다. 게다가 대부분을 수입에 의존하고 있다. 외부로 연결된 공급선이 차단되기라도 하면 최첨단 고급차를 꼼짝없이 세워둘 판이다. 이제 전 세계적으로 자원이 부족한 시대로 진입하게 되면 외부의 연료 공급선이 차단될 공산이 갈수록 커지게 된다. 이것은 어느 누구에게도 예외가 없다. 온갖 무리수를 강행하며 중동 원유 제로 정책을 밀어붙이는 미국 정부의 최근 행보가 예사롭지 않은 것도 이 때문이다.

미래는 항상 지금과는 다른 새로운 모습으로 우리 앞에 다가온다. 물론 그것이 어떤 모습이건 우리는 결국 거기에 적응하게 될 것이다. 그런데 그 적응 과정이 항상 순탄하고 즐거운 것만은 아니다. 때로는 갑자기 불어닥친 변화에 어느 방향으로 가야할지 몰라 우왕좌왕하기도 한다. 너무나 큰 변화가 갑작스럽게 불어닥치거나 아니면 작은 변화라도 전혀 예측하지 못했을 경우도 마찬가지이다. 그리고 그와 같은 혼란스러운 적응 과정은 많은 고통과 희생을 야기한다.

그런데 여기서 우리가 간과하고 지나치는 것이 있다. 바로 현재의 내가 어떻게 생각하고 행동하느냐에 따라 앞으로 자신에게 다가올 미래의 모습이 크게 달라진다는 사실이다. 조금이라도 더 멀리 앞을 내다보고 미리 준비하는 노력을 기울인다면, 전혀 예상하지 못한 상황에 넋을 놓게 되는 혼란은 피해갈 수 있다. 현명한 농부는 큰 비를 예상하여 맑은 날인데도 밭과 논의 물고랑을 정비한다. 현명한 어부는 멀리에서부터 큰 바람이 온다는 작은 징조들을 결코 대수롭게 넘기지 않고, 잔잔한 파도에도 항상 배를 항구의 안전한 곳에 메어 놓는다.

저만치 앞에 놓인 우리들의 미래는 그동안 한 번도 겪어 보지 못한, 하지만 충분히 예상되는 새로운 모습으로 우리에게 다가오고 있다. 한 손에는 고도로 발달한 과학기술 문명을, 다른 한 손에는 고갈되는 자원과 폐기물로 신음하는 환경의 문제를 쥐고 우리에게 다가오고 있는 것이다.

지금과 같은 상황이면 대한민국이라는 자동차의 계기판에도 앞으로 닥쳐올 위기를 경고하는 빨간등이 켜져야 마땅한데 왠지 조용하기만 하다. 계기판의 경보 장치가 꺼져 있는 것이다. "자원 빈국으로서 달리 대안이 없지 않은가!" 하는 자포자기의 마음으로 그렇게 해 놓았다고 생각할 수도 있다. "그래서 어쩌란 말인가?" 하며 이대로 갈 수 있는 데까지 가 보자는 심정일 수도 있다.

그러나 우리에게는 우리 스스로 깨닫지 못하고 있는 막강한 대안이 있다. 바로 우리나라 국민, 즉 우리 자신이다. 우리나라는 자원 빈국인 동시에 인간 부국이다. 그야말로 사람들로 넘쳐난다. 대중이 어떻게 생각하고 행동하느냐에 따라 그 결과의 차이가 하늘과 땅처럼 벌어지는 곳이 바로 대한민국이다. 그래서 자원 빈국임에도 불구하고 지속가능한 번영을 실현할 수 있으리라는 자신감이 있다. 그리고 그 자신감의 근거를 다름 아닌 바로 우리 자신의 의식 구조와 행동 양식에서 찾아야 한다. 지속가능한 미래의 열쇠도 바로 거기에 있다. 제한된 자원을 어떻게 하면 가장 효율적으로 사용할지를 좌우하는 관건은 결국 우리들의 생각과 행동에 달려 있기 때문이다.

그렇다면 논리적으로 우리가 무엇을 하면 좋을지 대강의 답이 나온다. 일단, 지금 우리의 생각과 행동이 제대로 된 방향을 향하고 있는지 가늠하기 위한 현실 인식이 우선되어야 할 것이다. 만약 우리가 제대로 가고 있는 것이라면 그대로 가면 된다. 그러나 혹시라도 그렇지 않다면 어떤 방향으로 항로를 수정해야 할지 판단할 적절한 지침이 필요하다. 일종의 합리적이고 이성적인 가이드라인이 필요한 것이다. 나는 그 지침을 화학이라는 학문과 연결지어 이야기해 보려고 한다.

화학은 물질과 에너지를 다루는 학문이다. 그래서 나는 다가오는 미래의 모습을 물질과 에너지라는 관점에서 보다 잘 내다볼 수 있도록 화학이라는 색안경을 마련했다. 나는 화학의 제반 이론들 속에 인류의 지속가능성을 담보할 열쇠가 숨어 있다고 믿는다. 그중에서도 특히 나의 관심을 끄는 이론은 에너지의 속성을 다룬 열역학 이론과 기체 분자들의 행동을 묘사한 분자운동론의 두 영역이다.

이 두 화학 영역의 이론적 모델을 우리들이 살아가는 모습에 접목해 보면 우리가 경험을 통해 어렴풋이 알고 있는 많은 것들의 윤곽이 보다 더 구체적으로 드러난다. 각 개인과 사회가 왜 그토록 많은 에너지를 필요로 하는지, 우리가 어떤 방식으로 에너지를 사용하고 있는지, 그리고 어떤 요인들이 에너지 낭비를 부추기고 있는지, 에너지 효율을 높이려면 어떤 방향을 지향해야 하는지, 또 에너지 효율을 높이려면 어떠한 사회적 가치들이 존중되어야 하는지에 대한 자연과학적인 접근까지도 끌어낼 수 있다.

이 책은 현실적으로 우리가 시급히 해결해 나가야 할 에너지 문제와 관련하여 화학자의 관점에서 에너지 세상을 바라보는 색다른 경험을 제공한다. 아무쪼록 이 책을 읽는 독자들도 화학의 이론적 모델 속에서 에너지 문제에 대해 우리 각자의 사고방식과 행동 양식이 어떤 방향으로 나아가야 할지 그 지침을 발견할 수 있기를 바란다.

2013년 6월
박동곤

차례

2장. 원유의 시대가 저문다

3장. 열역학을 알면 에너지가 보인다

4장. 분자운동론을 알면 경제가 보인다

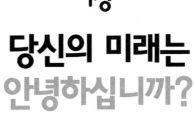

1장

당신의 미래는
안녕하십니까?

낙관하는 뇌의
감미로운 속삭임을
뿌리쳐라

1

　10여 년 전, 연구차 미국에 체류하면서 가족과 함께 승용차로 버지니아 주에 있는 그레이트 스모키 산맥 국립공원을 여행했을 때의 일이다. 우리 가족은 산 중턱을 따라 연이어진 언덕길을 오르내리며 아름다운 숲 사이로 난 좁고 구불구불한 산길을 며칠 동안 돌아다녔다. 그날은 부슬비가 추적추적 내렸는데, 계속되는 언덕길에 둔감해져 방심했었는지 내리막이 끝나는 커브 길에서 갑자기 차가 미끄러지면서 통제 불능 상태가 되어 버렸다. 달리던 차는 그대로 빙글빙글 몇 바퀴를 돌면서 반대쪽 차선을 가로질러 건너편 언덕의 절개지에 꽁무니를 박고 나서야 멈추어 섰다. 행여 반대쪽 차선에서 다른 차가 마주보며 달려왔거나 건너편 도로 너머에 낭떠러지라도 있었다면 대형 사고로 이어질 뻔했던 아찔한 순간이었다.

빗길에 차가 미끄러지기 시작해서 언덕에 박혀 찌그러진 채 멈추어 서기까지 대략 3~4초가 지났을까? 나는 그 짧은 순간에 마치 시계가 멈추어 선 듯 시간이 마냥 늘어지는 희한한 경험을 했다. 갑자기 앞 창문에서 경치가 옆으로 미끄러지며 파노라마처럼 펼쳐졌고, 옆 좌석에 탄 아내의 흐트러지는 머리카락의 움직임과 곧 엎어질 커피 머그잔에서 쏟아져 나오는 검은 액체덩어리가 생생하게 보였다. 또 뒷좌석에 앉은 아이들의 몸이 한쪽으로 쏠렸다가 충돌과 함께 잠깐 공중에 떴다 이내 내려앉는 모습이 마치 슬로비디오를 보는 듯이 눈에 들어왔다. 마치 무중력 상태의 우주 유영을 하는 것처럼 주위의 모든 것들이 공중에 뜬 채 하나하나가 생생하게 눈앞을 지나갔다. "우지끈, 쾅!" 넋이 나간 채 멍하니 있는 아내와 아이들을 흔들며 "괜찮아?"라고 말하기까지 마치 몇 분의 시간이 흐른 것처럼 길게 느껴졌다. 그러나 실제로 그것은 겨우 몇 초에 불과한 짧은 순간이었다.

비행기 추락 사고에서 구사일생으로 살아남은 생존자들을 인터뷰한 내용을 보면, 이들도 이와 비슷한 경험을 했다는 매우 흥미로운 사실을 알 수 있다. 비행기가 충돌하면서 기체가 부서지는 순간에 시간이 엄청나게 느려지면서 주위에서 일어나는 일들을 마치 슬로비디오를 보듯 놓치지 않고 생생하게 보았다는 것이다.

이와 같이 시간이 늘어지는 경험은 우리의 뇌가 단위시간당 입력되는 정보의 양을 기준으로 '시간이 흐르는 속도'를 가늠하기 때문에 일어나는 현상이라고 한다. 예를 들면 평상시 1분에 10개의 정보를 받아들이던 사람이 어떤 이유로 갑자기 1분에 100개, 즉 10배의 정보를 받아들이게 되면 실제로는 1분이 지났는데도 마치 10분이 지난 것처럼 느끼게 된다는 것이다. 받아들이는 정보의 양이 순간적으로 많아지는 가장 대표적인 경우는 앞에서 이야기했던 경우와 같이 생명의 위협을 느꼈을 때이다. 위기 상황에 맞닥뜨리면 우리의 몸은 위험에서 벗어나기 위해 아드레날린이라고 하는 물질을 과량으로 분비한다. 아드레날린은 신체의 모든 부분을 긴장 상태로 만들어 신경과 근육들이 최대한의 역량을 발휘할 수 있도록 만들어 놓는다. 이 과정에서 아드레날린은 눈, 코, 귀와 같은 감각기관들을 자극하여 평소와는 비교도 안 될 정도로 짧은 시간에 많은 정보를 받아들이게 한다. 이와 같이 실제로는 감각기관을 통해 입력되는 정보의 양이 순간적으로 늘어난 것인데, 우리는 이를 시간이 갑자기 느려졌다고 착각하게 되는 것이다.

우리의 뇌는 감각기관에서 입력된 정보를 토대로 하여 판단과 결정을 내리고, 그에 따른 행동지침을 근육에 보내 필요한 상황에 대처하게 만든다. 따라서 위기에서 벗어나기 위한 행동을 실천으로 옮기려면, 입력된 정보를 분석하여 적절한 판단을 내리는 단계가 선행되어야 한다. 그런데 너무 많은 양의 새로운 정보가 한꺼번에 쏟아져 들어오면 정보 분석 단계에서 문제가 생긴다. 해석해야 할 양이 너무 많다 보니 결단을 내리지 못한 채 계속 밀려오는 정보에 파묻혀 버리는 것이다. 쉽게 말해 뇌에서는 밀려드는 정보를 계속 받아들이기만 하고, 정작 움직여야 할 몸은 아무런 행동도 하지 못한 채 굳어버리는 것이다.

여객기 추락 사고 생존자들의 목격담에서 이러한 현상이 드라마틱하게 그려진다. 이들의 목격담에 따르면, 사고 직후에 나타나는 사람들의 행동은 크게 두 부류로 나뉜다고 한다. 먼저 극히 일부의 사람들은 충돌 직후 지체 없이 안전벨트를 푼 후 화염이 덮쳐오는 현장을 박차고 빠져나간다. 그러나 놀랍게도 대부분의 사람들은 눈을 크게 뜨고 앞을 응시한 채 꼼짝도 않고 굳은 상태가 되어 자신에게 다가오는 화염을 그대로 받아들인다는 것이다. 대부분의 사람들이 자신에게 다가오는 죽음의 위협에 직면한 상태에서 손가락 하나도 움직이지 못한다는 사실은 매우 의아스러운 결과이다.

그러한 행동의 이면을 조사했더니 흥미로운 결과가 나왔다. 자리를 박차고 사고 현장을 탈출했던 생존자들은 하나같이 예전에 그와 같은 위기 상황을 가정하여 자신이 어떻게 행동할 것인지를 머릿속에 미리 그려 본 적이 있다는 사실이다. 소위 가상 연습을 했느냐 안 했느냐가 실제 상황이 닥쳤을 때의 사느냐 죽느냐를 결정하는 주된 요인이었던 것이다. 그와 같은 가상 연습은 실제 상황이 닥쳤을 때 아드레날린 분비로 들뜬 감각기관을 통해 물밀듯 쏟아져 들어오는 정보 중 쓸모없는 정보는 과감하게 버리고 예전에 연습하며 마음에 두었던 필요한 정보만을 취하게 함으로써 즉각적인 판단과 결단, 그리고 행동이 이어지도록 만들어 주었던 것이다.

지난 2001년 9월 11일, 미국 뉴욕에서는 여객기를 이용한 테러 공격으로 110층짜리 쌍둥이 빌딩 두 채가 고스란히 내려앉는 사고가 있었다. 당시 이 사고로 2,700여 명이라는 사상 유례 없는 사망자가 발생했다. 여객기가 두 개의 빌딩을 뚫고 들어간 후 빌딩이 모두 내려앉기까지 한 시간 정도의 여유가 있었지만, 그 사이에 빌딩에 있었던 사람들이 한 행동은 추락한 비행기 속에서 옴짝달싹하지 않고 죽어간 사람들과 그대로 닮은꼴이었다. 공식적으로는 "동요하지 말고 그대로 있으라."는 안내방송 때문이었다고 하지만, 실제로는 쏟아져 들어오는 정보를 선별하여 어떤 판단을 하고 어떻게 행동해야 할지 결정하지 못해 우왕좌왕하다가 아무것도 하지 않은 채 얼어붙어 있었던 것이다.

그런데 그 와중에 거의 모든 직원들이 질서정연하게 빌딩을 빠져나와 화를 면한 회사가 있어 주목을 끈다. 이 회사는 당시 쌍둥이 빌딩 2번 타워의 먼저 무너진 빌딩 70층부터 위로 22개 층을 점유하며 가장 많은 수의 직원을 상주시키고 있던 모건 스탠리라는 세계적인 금융회사이다. 이 회사의 안전보안 담당 팀장이었던 릭 레스콜라Rick Rescorla는 여러 개의 훈장을 받은 베트남전 참전 용사로, 수많은 전투 경험을 통해 가상 연습이 위기 상황에서 얼마나 큰 힘을 발휘하는지를 누구보다 잘 알고 있었다. 이 회사의 전 직원들은 잦은 업무 중단으로 인한 회사의 막대한 금전적 손실과 불편에도 불구하고 레스콜라의 집요한 설득과 강요에 못 이겨 비상계단을 통해 44층의 안전지대까지 내려가는 실질적인 화재 대피 훈련을 수시로 실시했다. 세계 최고의 첨단 빌딩에서 쓸데없는 병정놀이를 한다며 주위 사람들의 비웃음을 샀던 이들의 가상 연습은 결국 예고 없이 닥친 위기의 순간에 그 진가를 드러내면서 수많은 사람들의 생명을 구했다. 직원들을 모두 안전하게 대피시킨 후 다른 회사 사람들을 구하기 위해 다시 계단을 올라가던 레스콜라의 마지막 모습은 빌딩이 무너지기 직전 10층에서 목격되었다고 한다. 그의 시신은 찾지 못했다.

그렇다면 다른 사람들도 평상시에 이들과 함께 가상 연습에 참여했더라면 좋았을 텐데 왜 그렇게 하지 않았을까? 최근 f-MRI라는 기기를 이용해 뇌 활동을 실시간으로 관찰하는 연구가 활발한데, 특히 한 연구 결과가 눈길을 끈다. 우리의 뇌는 천성적으로 '낙관하는' 경향을 가지고 있으며, 이는 오랜 진화의 결과라는 것이다. 즉 우리의 뇌는 미래를 예상할 때 모든 것이 계획한 대로 순조롭게 전개될 것이라고 믿으며 예상하지 못한 사고나 불행을 굳이 가정하지 않음으로써 스트레스 호르몬인 코티솔을 억제하고 상대적으로 도파민 수치를 높인다. 신체에 부담을 주어 건강을 악화시키는 요인을 억제함으로써 생존에 유리한 방향을 선택했다는 것이다.

그런데 문제는 우리의 '낙관하는 뇌optimistic brain'는 비관적인 결과가 쉽게 예견되는 상황에서도 이를 본능적으로 부정하고 외면하며 심지어 애써 낙관적인 모습으로 포장까지 한다는 것이다. 사람들이 평상시 가상 연습을 등한시하는 이유가 바로 여기에 있다. 여객기가 이륙할 때마다 승무원이 사고 발생 시 비상 탈출 요령을 열심히 설명하며 친절하게 시범을 보이지만 대부분의 승객들은 신문을 읽거나 창밖을 보거나 아니면 아예 눈을 감고 잠을 청하는 등 무관심하다. 그런 끔찍한 사고가 일어날 수 있다는 가정 자체를 애써 외면하려는 것처럼 보인다. 공공시설의 안전 요원이 비상시의 행동 요령을 수시로 알려 주고 연습을 시키려고 할 때에도 대부분의 사람들은 이를 귀찮아하며 심지어 그런 상황을 상상하는 것 자체를 비웃는다. 그리고 정작 위급한 상황이 눈앞에 전개되었을 때 가상 연습을 멀리했던 사람들의 행동은 한결같다. 그 자리에 그대로 얼어붙은 채 파국을 맞는 것이다.

인간의 '낙관하는 뇌'는 때로는 비관적인 현실을 잊고 어려움을 이겨내는 원동력이 되기도 한다. 하지만 이와는 정반대로 멀리서 다가

우리는 빤히 보이는 위험을 쉽게 과소평가하는 경향을 갖고 있으며 경우에 따라서는 무모하리만치 위험에 둔감하다. 이것은 인간이 선천적으로 '낙관하는 뇌'를 가지고 있기 때문이다. 예상했던 위기 상황이 실제로 닥쳤을 때 무사히 빠져나갈 수 있게 해 주는 '가상 연습'을 외면하는 이유도 바로 여기에 있다.

오는 먹구름을 빤히 보면서도 사전 대비를 등한시하게 함으로써 대책 없는 추락으로 이끄는 원인이 되기도 한다. 그래서 때로는, 특히 미래를 바라볼 때에는 우리 자신의 본능을 거스르는 현명함이 요구된다. 비록 우리의 뇌는 모든 미래를 낙관적으로 보라고 부추기지만, 상당한 가능성을 두고 비관적인 상황을 피할 수 없다는 사실이 예견된다면 결코 이를 외면하지 않아야 한다. 오히려 그로 인해 빚어질 수 있는 위기 상황들을 적극적으로 가정해 보고 이에 대처하기 위한 다양한 방법의 가상 연습을 해 둘 필요가 있다. 마치 군인, 경찰, 소방관, 경호원 등 위기 상황에 대처하는 것을 직업으로 삼는 사람들이 평상시에도 온갖 가능한 상황들을 가정하여 가상 연습을 반복하는 것처럼 말이다. 이러한 가상 연습은 위기 상황이 현실이 되어 자신에게 닥쳤을 때 죽느냐 사느냐의 생존 문제를 좌우한다.

각 개인에게는 사고, 질병, 실직, 실패 등 예상하지 못했던, 하지만 충분히 가정할 수 있었던 위기가 닥치곤 한다. 어떤 집단, 국가, 한발 더 나아가 인류도 마찬가지이다. 그 위기는 정치, 경제, 문화의 모든 영역에서 모든 가능한 형태로 다가오겠지만, 특히 화학자의 관점에서 보면 갈수록 부족해지고 있는 물질 자원과 에너지 자원에 대한 깊은 우려를 하지 않을 수 없다.

기하급수적으로 증가해 온 세계 인구는 2011년 11월을 기점으로 70억 명을 넘어섰다. 매 50년마다 대략 30억 명씩 인구가 늘어나면서 지난 1950년에는 불과 30억 명이었던 세계 인구가 2000년에는 그 두 배인 60억 명으로 늘어났고 이제 70억 명을 돌파하게 된 것이다. 오는 2050년이면 무려 90억이라는 경이로운 숫자에 도달하게 된다. 더구나 경제 발전에 따라 사람들의 생활 방식이 급격히 바뀌면서 한 사람이 소비하는 자원의 양도 기하급수적으로 증가해 왔다. 이처럼 크게 늘어난 일인당 자원 사용량과 계속 늘어나는 세계 인구의 영향으로 현대를 살아가는 인류 전체가 소비하는 자원의 양은 가파른 상승 곡선을 그리며 폭증하고 있다. 과연 지구가 가진 물질 자원과 에너지 자원은 언제까지 인류를 지금처럼 계속 지탱해 줄 수 있을까?

자원이 점차 고갈되어 가는 것만큼이나 더욱 우려되는 것은 자원을 사용하고 난 뒤에 반드시 남게 되는 엄청난 양의 폐기물이다. 대기오염, 수질오염, 토양오염, 지구온난화로 인한 기상 이변 등 인류는 이미 자신이 쓰고 버린 쓰레기로 인해 심각한 영향을 받고 있다. 과연 인류는 폐기물로 인해 야기되는 온갖 고통과 피해를 어느 선까지 감내할 수 있을까?

만에 하나 자원이 고갈되고 쓰레기가 넘쳐나 지금과 같은 인류의 생활 방식이 더 이상 지속될 수 없는 시점에 도달하면 과연 우리에게는 어떤 일이 일어날까? 새로운 모습의 사회로 변해 가는 과정은 과연 점진적이고도 평화로울까? 아니면 급작스러운 붕괴와 함께 극심한 혼돈과 고통이 따를까?

이러한 질문에 스스로 답을 찾는 과정에서 아마도 당신은 낙관하는 뇌가 속삭이는 유혹의 메시지를 스스로 뿌리쳐야 할지도 모른다. 조금의 관심만 가지고 들여다보면 과거의 역사와 지금 우리 주변에서 일어나고 있는 사건 사고들 속에 미래에 닥칠 수 있는 비관적인 상황을 암시하는 중요한 단서들이 숨어 있기 때문이다. 그동안 우리는 이를 애써 외면해 왔던 것뿐이다. 어쩌면 지금 인류는 미래의 비관적인 상황을 적극적으로 가정하고 그에 대한 실질적인 가상 연습을 실천에 옮겨야 할 필요가 그 어느 때보다도 절실한 시점에 와 있는지도 모른다.

인류의 자연자원에 대한 수요가 급증하면서 고갈되는 자원과 쌓이는 폐기물의 문제는 미래의 가장 큰 고민거리가 될 것이 분명하다. 국가는 물론이거니와 각 개인들은 자원이 고갈되고 쌓이는 쓰레기로 인해 환경이 극도로 열악해지는 비관적인 상황을 적극적으로 가정해 볼 필요가 있다. 이로 인한 파국적인 사태를 피해가려면 어떻게 해야 하며, 불가피하게 그러한 상황이 닥칠 경우 어떻게 대처해야 할지에 대한 '가상 연습'이 절실한 시점이다.

위기를 내다보기 전에
자신의 한계를
먼저 깨달아라

2

어릴 때 친구들과 지도책을 펴 놓고 단어 찾기 게임을 했던 기억이 있다. 지도 위의 지명 하나를 말하면 상대방이 그것을 얼마나 빨리 찾는지 견주는 방식이었다. 게임에서 이기는 비결은 간단했다. 행정구역, 산맥, 평야나 대도시 이름처럼 지도를 가로지르며 굵고 큼직하게 쓰인 단어를 선택하면 십중팔구 상대방은 그것을 찾지 못해 애를 먹었다. 대부분의 아이들은 작을수록 찾기 힘들 것이라는 선입견으로 깨알 같은 지명을 문제로 냈다. 하지만 의외로 작은 글씨를 찾는 것은 그리 어렵지 않았다. 아이들은 대체로 작은 것은 금세 알아보면서 눈앞에 빤히 놓여 있는 큰 것을 보지 못하는 경우가 많았다.

그런데 이렇게 너무 커서 눈여겨보지 못한 것들이 실제로는 작은 것들보다 훨씬 더 중요하고 큰 영향을 미치는 경우가 많다. 나는 어릴 적 남해안의 한 바닷가에 위치한 할머니 집에서 주로 방학을 보냈는데, 그때 그곳에서 보았던 여름 태풍과 함께 몰려온 어마어마한 규모의 너울이 바로 그런 경우였다. 비바람 속에서 한참 동안 먼 바다를 무심히 바라보고 있다가 우연히 저 멀리 수평선이 아주 천천히 위아래로 오르락내리락하는 것을 보게 되었다. 너울의 규모가 얼마나 컸던지 바다 전체가 오르락내리락하는 느낌이었다. 하얀 거품을 뒤집어 쓴 집채만 한 파도들이 연신 밀려왔지만 진짜 무서운 것은 너무나 커서 언뜻 우리 눈에 들어오지 않는 그 뒤에 가려진 어마어마한 규모의 너울이었다. 바다 전체가 움직였던 그해 여름, 태풍이 할퀴고 지나간 고향의 선착장과 인접한 건물들은 폭격을 맞은 듯 모두 박살이 났다. 진정 무섭고 파괴력이 강한 것이 밀려올 때는 정작 눈에 잘 보이지 않을 수 있다는 것을 깨달았던 특별한 경험이었다.

영국의 철학자 길버트 라일Gilbert Ryle은 인간은 인지 능력이 매우 제한적이어서 '범주착오category error에 빠져 있는 존재'라고 규정했다. 인간은 모든 것을 잘게 나누어서 이해하는 분석적 속성을 가지고 있어서 작은 부분들은 잘 보면서 정작 그것이 속해 있는 전체 그림은 보지 못하는 오류에 빠진다는 것이다. 그렇게 되면 작은 것들은 중요하게 생각하지만 큰 것은 오히려 대수롭지 않게 여기는 지극히 불합리하고 비이성적인 판단을 하게 된다고 한다. 나무만 보고 숲은 보지 못하는 것이다. 마치 지도책에서 커다란 글씨를 보지 못하거나 작은 파도들만 보고 너울을 보지 못하는 것과 같다.

우리는 스스로를 매우 이성적이고 합리적이라고 믿지만 이 범주착오 때문에 인간의 사고와 행동은 합리적이지 않은 경우가 많다. 더구나 우리들은 자신이 범주착오에 빠져 있는 존재라는 사실 자체에 대해서도 대체로 무감각하고 무지하다. 그렇다 보니 일상생활에서 마주치는 작고 사소한 문제들에 대해서는 민감하게 즉각적으로 반응하지만 정작 그 뒤에 닥쳐오는 거대하고 심각한 문제에 대해서는 이해하기 힘들 정도로 무관심한 경우를 보게 된다. 심지어 어마어마한 문제가 이미 자신에게 닥쳤음에도 그 사실 자체를 미처 깨닫지 못하는 이상한 일도 벌어진다. 마치 눈앞에 밀려오는 작은 파도들에만 온통 눈이 팔려 멀리에서 덮쳐오는 너울을 보지 못해 그대로 검은 바닷속으로 휩쓸려 들어가 버리는 희생자들처럼 말이다.

미국 로스앤젤레스의 캘리포니아 주립대학교 지리학과 교수인 제레드 다이아몬드Jared Diamond는 자신의 저서 『문명의 붕괴Collapse』에서 문명과 사회가 어떤 과정을 거쳐 몰락의 길에 들어서는지에 대한 과거와 현재의 사례들을 열거하고 있다. 인구 과잉과 과소비로 촉발된 여러 형태의 생태계 파괴와 그로 인한 자연자원의 고갈 그리고 이상 기후 등 다양한 환경적 요인들을 거론하고 있지만 그 이면에는 자신들에게 닥친 위기에 적절하게 대처하지 못한 사람들의 의식 구조와 행동 양식이 있었음을 읽을 수 있다. 위기가 닥치기 전에 미리 예비하는 노력을 기울이지 않았을 뿐만 아니라 막상 위기가 닥쳐도 이를 알아채지 못한 사회는 영락없이 몰락을 맞는 것을 볼 수 있다. 문제 해결에 나서지 않았거나 또는 했더라도 이미 늦었거나 아니면 잘못된 방향으로 나아가는 바람에 위기를 피하는 데 실패했던 것이다.

그렇다면 과거 몰락한 사회의 구성원들은 도대체 왜 자신들에게 위험이 닥쳐오는데도 그것을 알아채지 못했을까? 그리고 알아챈 후에도 왜 즉각 문제 해결에 나서지 않고 몰락의 길로 들어섰을까? 그리고 왜 그와 같은 일이 인류 역사를 통해 계속 반복되어 왔을까?

어릴 적 할머니 집에서 지낼 때, 해안을 따라 쪽배를 타고 노를 저어 가면 맑은 물 아래로 바닥에 붙은 빨간 불가사리와 온갖 수초들이 보였다. 가끔은 그 사이에 숨은 해삼과 소라를 갈고리로 건져 올리기도 했다. 조금 더 먼 바다로 나가면 멸치 떼를 좇아 물 위를 튀어 오르는 날치를 만났고 운이 좋으면 물 위로 솟구쳤다가 물보라를 날리며 떨어지는 살찐 숭어를 바로 눈앞에서 볼 수 있었다. 하지만 지금 그곳에 가면 그 어디에서도 그런 광경을 찾아볼 수 없다. 발을 담그기도 꺼려질 정도로 물은 더럽고 수초와 물고기는커녕 바다 밑에는 온통 깨진 조개껍질과 자갈들뿐으로 황량하기 그지없다. 눈에 들어오는 것은 바닥을 잔뜩 덮은 불가사리와 밀물을 따라 몰려들어오는 쓰레기와 해파리들뿐이다.

놀라운 것은 그런 변화에 대한 고향 친척들의 반응이 매우 무덤덤하다는 사실이다. 십수 년을 떠나 있다가 방문한 내게는 고향의 옛 모습이 사라져 버렸다는 사실이 그저 놀랍고 안타깝기만 한데 정작 그곳에 사는 이들은 언제 그런 때가 있었느냐는 듯 대수롭지 않게 여긴다. 제레드 다이아몬드는 이처럼 사람들이 주변 환경의 변화에 무감각해져서 그 변화가 무엇을 의미하는지 깨닫지 못한 채 자기가 처해 있는 현재의 심각한 상황을 정상적이라고 여기는 현상을 '풍경에 대한 기억상실증 landscape amnesia' 또는 '슬며시 자리 잡는 정상 상태 creeping normalcy' 라는 용어로 묘사했다.

위기가 코앞에 닥쳐도 그것을 알아채지 못하는 이유를 여기에서도 찾을 수 있다. 아이러니하게도 인간의 인지 기능에 내재한 범주착오 때문에 자신을 덮치는 너울의 규모가 클수록, 그리고 그것이 다가오는 속도가 느릴수록 우리는 더 무감각해져서 그것을 보지 못하는 것이다. 물을 채운 냄비에 개구리를 풀어 놓고 아주 서서히 온도를 올리면 죽는 순간까지도 도망갈 생각을 전혀 하지 않는다는 이해하기 어려운 현상과 꼭 닮아 있다.

그래서 누군가는 이러한 무감각을 깨뜨리기 위해 경적을 울릴 필요가 있다. 주변 생태계에서 관찰되는 변화와 삶의 터전인 지구 환경에서 일어나는 제반 현상들이 우리에게 거대한 너울이 밀려오고 있음을 알려 주는 경보음이라는 사실을 계속 상기시킬 필요가 있다. 하지만 우리들은 이러한 경고성 메시지를 그리 달가워하지 않는다. 비관적 미래를 가정하는 것 자체가 마음에 들지 않을 뿐만 아니라 그것을 낙관적 미래로 바꾸어 놓으려면 무엇보다 자신들의 생각과 행동을 바꾸어야 한다는 사실을 스스로가 너무도 잘 알기 때문이다. 우리들이 듣고 싶은 말은 경고성 메시지가 아니라 지금 잘하고 있으니 그대로만 가면 미래는 밝을 것이라는 낙관적 전망이다. 그래서 우리는 주위에서 울리는 경적에 귀를 막고 널려 있는 경고성 메시지에게서 애써 고개를 돌린다. 하지만 마음속 깊은 곳에서 올라오는 불안감이 자신도 모르게 그것들을 힐끗힐끗 곁눈질로 보게 한다.

문제는 경보음을 듣고 자신이 위험에 빠졌음을 깨달았다고 하더라도 사람들은 여간해서 벌떡 일어나 문제 해결에 나서지 않는다는 데 있다. 사람들의 이러한 행동 성향을 '방관자 효과bystander effect'라고 하는데, 이것은 1968년 존 달리John Darley와 빕 라테인Bibb Latane이라는 두 사회심리학자가 처음으로 제기한 인간의 잠재된 사회적 속성이다. 이들은 화재가 발생한 상황을 연출한 후 방에 있던 피험자가 얼마나 빨리 문제 해결에 나서는지를 측정하는 간단한 실험을 했다. 놀랍게도 방에 함께 있는 사람이 많아질수록 피험자가 화재를 경고하거나 방에서 뛰쳐나오기까지 걸리는 시간이 점점 길어졌다. 심지어 사람 수가 더 많아지자 화재를 아예 무시해 버리고 아무것도 하지 않은 채 매캐한 연기를 견디며 그대로 앉아 있는 상황까지 벌어졌다.

지난 2003년, 무려 192명의 인명을 앗아간 대구 지하철 화재 사건 현장에서도 달리와 라테인의 실험과 똑같은 상황이 일어났다. 한 생존자가 화재 당시 객실 안을 촬영한 사진을 보면 시커먼 연기가 실내를 가득 메우고 있는데도 사람들이 꼼짝도 않고 그대로 앉아 있는 모습을 볼 수 있다. 이와 같이 위험이 닥쳤다는 것을 인지하고도 문제 해결을 위한 행동에 나서지 않은 채 소중한 시간을 허비해 버리는 현상은 우리 주변에서도 흔히 일어난다. 다른 사람들과 함께 있는 상황에서는 "나 아니어도 다른 누군가는 나서겠지.", "이건 내가 나설 일이 아닌 것 같아.", "누군가 나서서 목소리를 높이면 그때 가서 나도 하지."라고 생각하기 때문에 일어나는 현상이다.

그런데 행동에 나섰다고 해서 반드시 위험을 피해가는 것도 아니라는 데 더 큰 문제가 있다. 자신이 어느 방향으로 나아갈지를 결정하는 중요한 순간에도 여전히 다른 사람들을 바라보며 방관자 효과에 휘둘려 잘못된 결정을 내리기 십상이기 때문이다. 예를 들면 '사과'를 앞에 두고 주위 사람들이 이것을 모두 '배'라고 하면 결국에는 자신도 그것을 '배'라고 말해버리는 어이없는 일이 벌어지기도 한다. 생사를 가르는 중요한 순간에 이러한 메커니즘이 작동하면 사람들은 스스로 불구덩이에 뛰어드는 이해할 수 없는 행동을 하기도 한다. 1978년 남아메리카 가이아나의 수도 조지타운에서 발생한 909명의 집단 자살 사건이나 1997년 미국 캘리포니아 주 샌디에고에서 발생한 39명의 집단 자살 사건은 인간의 비이성적이고 비합리적인 판단과 행동의 극단적인 예를 보여 준다. 서로가 "이것은 분명히 무언가 잘못되었는데……."라고 생각하면서도 결국에는 남들을 따라 독배를 들이키는 이해할 수 없는 선택을 하는 것이다.

우리는 흔히 앞에서 든 예들이 너무도 극단적이어서 자신은 그런 비이성적이고 비합리적인 생각과 행동을 하는 사람들과 분명히 구별된다고 믿는다. 하지만 막상 자신도 그러한 상황에 놓이게 되면 남들과 별반 다르지 않다는 것을 발견하고는 깜짝 놀라게 될 것이다. 범주착오에 빠지고 방관자 효과에 휘둘리며 과거에 대한 기억상실증으로 현재의 모습에서 무엇이 잘못되었는지를 보지 못하는 것은 어떤 개인의 특성이 아니라 뼛속 깊이 박혀 있는 인간의 기본적이고도 공통된 속성이기 때문이다. 그래서 우리는 주위에서 위험을 알리는 전조를 보게 될 때마다 자기 자신의 한계를 스스로 되짚어 볼 필요가 있다. 너무 커서 못 보고 지나치고 있는 것은 없는지, 군중에 휩쓸려 잘못된 방향을 향해 나아가고 있는 것은 아닌지, 지나간 과거와 지금 일어나고 있는 사건들이 던져 주는 다가오는 위기에 대한 메시지를 무심코 지나치고 있는 것은 아닌지 생각해 보아야 한다.

지금 인류는 '세계화'라는 이름 아래 어느덧 하나의 공동운명체가 되어 있다. 거미줄처럼 복잡하게 얽인 온갖 네트워크 속에서 교통, 통신, 화폐, 유통 등 생활의 모든 것들이 '인류는 하나'라는 개념을 향해 나아가고 있다. 그런데 이를 바라보는 마음이 왠지 편하지 않다. 그것이 무엇이 되었건 과거에는 지구의 어느 한 쪽 구석에서만 일어나 그곳에서 끝났을 일이 이제는 전 세계로 확산되어 버리는 세상이 되었기 때문이다. 이미 과거에는 국지적 전염병epidemic이었던 질병들이 세계적 유행병pandemic으로 확산되기 시작했고, 산업혁명 초기에는 유럽 일부 지역에서만 관찰되던 온난화가 이제는 지구온난화로 확대되었다. 또 미국 금융가의 한 은행이 도산했는데 전 세계의 금융시스템이 휘청거리고, 유럽의 한 나라가 부도 위기에 처했는데 전 세계 경제가 흔들리며 요동을 치고 있다. 이제는 지구의 어느 한 지역이나 한 나라 심지어 한 개인이 만든 파장이 전 세계로 퍼져 나가는 세상이 된 것이다.

세계화 시대를 사는 우리에게 인류의 '지속가능성'이란 결코 자신과 멀리 떨어져 있는 개념이 아니다. 지구 저 반대편에서 일어난, 즉 나와는 전혀 상관없어 보이는 사건의 결과가 인류 전체를 흔들어 결국에는 내 개인의 지속가능성을 위태롭게 만든다. 반대로 어떤 한 개인의 생각과 행동으로 인한 결과가 확산되어 자신이 그것을 알건 모르건 결국에는 전 인류의 지속가능성을 좌우할 영향력으로 증폭되기도 한다. 이것은 마치 과거에는 지도 상의 깨알 같던 이름들이 이제는 지면 전체를 덮은 커다란 글자가 되어 버린 것과 같다. 그래서 자칫 자기 주변에서 국지적으로 일어나는 일에만 관심을 쏟다 보면 큼지막하게 쓰인 글자들이 자신에게 던지는 중요한 메시지를 보지 못한 채 무심코 지나쳐 버리기 십상이다.

그래서 가끔 우리는 눈을 지그시 감고 멀리 내다봐야 한다. 눈앞에 펼쳐지는 수많은 작은 사건들 너머에 어떤 것이 다가오고 있는지를 보기 위해 저 멀리 수평선을 응시하면서 커다랗게 쓰여 있는 메시지에 대한 이해를 구해야 하는 것이다.

자연자원이
부족해지면
분쟁이 야기된다

3

　　예나 지금이나 개인, 집단, 국가 간의 다툼과 분쟁은 끊이지 않는다. 매 시간마다 다양한 모습의 갈등이 빚어 놓은 수많은 사건, 사고 소식들이 신문과 방송의 뉴스를 온통 메우고 있다. 그런데 이를 바라보는 시각은 각 사람마다 사뭇 달라서 다양한 해석을 낳는다. 법조인은 법과 제도의 관점에서 이를 해석하며, 정치인은 정치 역학적 관점에서 조망하고, 경영인은 경제 활동의 손익 관계에 초점을 맞춘다.

　　그렇다면 나와 같은 화학자들은 이와 같은 일들을 어떤 관점에서 바라볼까? 화학자는 주로 자연 현상을 다루다 보니 세상을 바라보는 데 있어서도 그와 관련된 인간의 심리나 정신 세계, 또는 인간 집단이 나타내는 사회 문화적 측면보다는 그 이면에 놓인 물질과 에너지 세계에서 일어나는 자연 현상에 초점을 맞추는 경우가 많다. 그렇다 보니 각종 물질 자원과 에너지 자원, 즉 '자연자원'에 관심이 쏠리게 된다.

언뜻 보면 도대체 자연자원이 사람들 간의 갈등과 무슨 관련이 있을까라고 생각할 수도 있다. 그러나 사건 사고의 속내를 파헤쳐 보면 거의 예외 없이 제한된 양의 특정 물질 자원이나 에너지 자원이 관여되어 있다는 것을 발견하게 된다. 겉으로 드러나는 정황으로만 판단하면 정치, 종교, 인종과 같은 사회 문화적 요인이 분쟁의 씨앗이 된 것처럼 보이지만, 그 이면에 놓인 보다 근본적인 원인은 대부분의 경우 특정 자연자원을 사이에 두고 나타난 갈등과 다툼에서 비롯되었다는 것을 알 수 있다. 일반적으로 사람들은 갈등이 '서로 다르다.'라는 사실에서 싹트는 것으로 여기지만 그 이면을 들여다보면 '부족하다.'라는 현실에서 시작된다는 것을 깨닫게 된다. 자신들이 필요로하는 자연자원이 부족해지면 거의 예외 없이 이를 두고 갈등이 고조되고, 그것을 선점하려는 과정에서 작은 다툼이 일어나며, 때론 대규모 분쟁이 발생하기도 한다.

가까운 예로 2003년 아프리카 수단의 다르푸르 사태를 들 수 있다. 인종 청소의 형태로 최대 40만 명의 인명을 앗아간 다르푸르 사태는 표면적으로는 종교적, 인종적 갈등으로 촉발된 것으로 알려져 있다. 그러나 그 이면에는 수자원을 사이에 두고 쌓여 온 북부 지역의 유목민과 남부 지역 농민들 간의 해묵은 갈등이 자리하고 있다. 지구온난화의 영향으로 사하라 사막이 남쪽으로 확장되면서 수자원을 사이에 두고 두 집단 간의 갈등이 고조되었고, 그 와중에 이 지역에 매장된 석유가 발견되면서 마침내 그 갈등은 끔찍한 살육전으로 확대되었다.

인류의 역사를 관통하는 과거의 크고 작은 전쟁들도 사실상 물질 자원과 에너지 자원을 사이에 두고 누가 이에 대한 권리를 선점할 것인지를 놓고 벌어진 다툼이었다고 해도 무방하다. 특히 에너지 자원을 사이에 두고 벌어지는 갈등은 예나 지금이나 치열하기 이를 데 없다. 1991년에 미국의 주도로 이루어진 1차 걸프전은 이라크 군에 점령된 쿠웨이트를 해방하기 위해서라는 정치적 명분을 내세웠지만 실제로는 페르시아 만 인근 원유 자원에 대한 주도권을 잃지 않기 위해 시작된 전쟁이었다. 이어 2003년에 미국에 의해 시작된 2차 걸프전 역시 표면적으로는 대량 살상 무기의 생산과 수출을 막아 세계 평화를 실현하겠다는 정치적 이유를 표방했지만, 정작 그 속내는 사우디아라비아 유전의 매장량에 맞먹는 어마어마한 양의 이라크 원유를 강대국에 대한 무기로 삼겠다고 선언한 사담 후세인을 제거하려는 의도가 다분했다. 대량 살상 무기는 한 점도 발견되지 않았다.

물질과 에너지라는 관점에서 보면 전 세계를 전쟁의 소용돌이로 몰아넣었던 과거의 양대 세계 대전도 주요 자연자원을 선점하려는 과정에서 쌓인 제국들 간의 갈등이 극단적인 분쟁으로 확대된 것이나 다름없다. 1914년에 시작된 제1차 세계 대전은 오스트리아-헝가리 제국의 황제 자리에 오르게 되어 있던 오스트리아의 황태자 페르디난드 공작 내외가 사라예보에서 암살된 정치적 사건을 계기로 촉발되었다. 그런데 그 이면을 들여다보면 이미 유럽 열강들 사이에는 19

인류 역사는 자원을 사이에 두고 벌어진 집단들 간의 갈등으로 짐칠되어 있다고 해도 과언이 아니다. 인류의 주요 에너지 자원이 석탄에서 석유로 넘어가는 과정에서 벌어진 지난 양대 세계 대전도 결국에는 자연 자원에 대한 주도권을 누가 선점할 지를 두고 벌어진 싸움이나 다름없다.

세기에 들어와 급격히 쇠락한 오토만 제국의 거대한 영토와 막대한 자원을 나누어 갖는 과정에서 극심한 갈등이 쌓이고 있었음을 볼 수 있다. 막강한 해군력을 기반으로 전 세계를 누비며 영토와 자원을 경쟁적으로 선점했던 영국과 프랑스는 아메리카 신대륙에서의 8년여 1775~83년에 걸친 미국 독립전쟁으로 자신들이 가지고 있던 힘의 상당 부분을 탕진해 버렸다. 영국 해군은 천하무적이라던 호칭이 무색할 정도로 약화되었고, 국고가 비어 버린 프랑스는 곧바로 일어난 민중 봉기로 인해 혁명의 소용돌이에 휘말렸다 1789~99년. 이 틈을 타고 19세기에 들어와 두각을 나타내며 전면에 나선 나라가 바로 독일 제국이었다. 당시 영국은 그동안 자신이 선점해 놓았던 영토와 자원,

그리고 해상 운송로에 대한 세금을 통해 국부를 쌓았던 반면, 자원 빈국이었던 독일은 정부 주도의 집중적이고 계획적인 농업 계발, 중화학공업 육성, 그리고 새로운 기술 개발의 길을 선택했다. 그중에서도 특히 전기, 화학, 철강을 핵심 산업으로 육성했다. 1910년대에 들어서면서 독일은 모든 분야에서 영국을 앞서기 시작했고, 이는 영국과 프랑스에게 최대의 위기로 인식되었다.

특히 제1차 세계 대전은 경제 발전의 원동력을 얻는 데 사용했던 주요 에너지 자원이 석탄에서 석유로 넘어가는 과도기에 빚어진 분쟁이었다는 점에 주목할 필요가 있다. 우리가 흔히 간과하고 지나치는 역사적 사실은 이 시기에 에너지 자원이 부족했던 독일이 중동 지역의 원유 자원을 선점하기 위해 쇠락해 가던 오토만 제국에 야심적으로 손을 뻗쳤다는 사실이다.

당시 동유럽과 중동 지역에 걸쳐 넓은 영역을 통치하던 오토만 제국은 영국과 프랑스에서 들여온 막대한 차관으로 빚더미에 앉아 급격히 쇠락의 길을 걷고 있었다. 이에 독일은 구원의 손길을 내밀며 부채를 대신 갚아 주는 조건으로 1899년과 1902년 두 차례에 걸쳐 터키에서 바그다드를 거쳐 페르시아 만에 인접한 바스라까지 이어지는 철도에 대한 독점적 개발권과 사용권을 얻어냈다. 특히 주목할 것은 철로를 따라 양쪽으로 40킬로미터 폭에 이르는 지역에서 발굴되는 모든 지하자원에 대한 원유를 포함한 독점권을 독일이 갖는다는 조건이 포함되어 있었다는 사실이다. 독일은 새로운 에너지 자원인 원유에 대한 가치와 중요성을 일찌감치 깨닫고 있었던 것이다. 이때부터 독일은 군사 전문가들을 파견하여 오토만 제국의 군대를 새로 재편하고 군사 훈련을 배후에서 지휘하면서 이 지역에서의 주도권을 강화하기 시작했다.

거의 같은 시기에 영국도 주요 에너지 자원을 석탄에서 석유로 전환하는 정책적 결정을 내렸다. 영국은 풍부한 석탄 매장량을 가지고 있었지만 자국 내에 원유를 거의 가지고 있지 않았기 때문에 이러한 결정에 매우 소극적이었다. 하지만 독일의 급속한 발전에 위기감을 느껴 마침내 에너지 정책을 석탄에서 석유로 전환하고 중동 지역에 발을 들여놓기 시작하였다. 이후 1909년에 쿠웨이트로부터 페르시아 유전에 대한 독점권을 따냈고 독일의 중동 지역 철도 개발에 제동을 거는 물밑 외교전을 펼치기 시작했다. 이때부터 이미 중동 지역에서는 원유라는 새로운 에너지 자원을 두고 제국 간의 갈등이 고조되기 시작했다고 볼 수 있다.

이처럼 당시 유럽 대륙은 오토만 제국이 통치하던 영토와 자원을 재분배하는 과정에서 고조된 제국 간 갈등으로 어디를 건드리더라도 터졌을 일촉즉발의 상태였다. 군이 공작 내외의 암살 사건이 아니었더라도 무엇인가를 빌미로 전쟁이 시작되었을 것이 거의 확실했다. 이와 같이 자연자원을 사이에 두고 제국 간에 쌓여 왔던 갈등은 발칸 반도에서 일어난 정치적 사건 하나로 인해 수많은 나라들이 편을 갈라 싸우는 제1차 세계 대전으로 발전했다.

제1차 세계 대전이 종전으로 다가가던 1917년, 영국은 인도 군대를 동원하여 이라크 중부의 바그다드를 점령하고 이듬해 페르시아 만에 접한 모술까지 진격했다. 그 대가로 영국은 인도의 독립을 약속했지만 지켜지지 않았고 그로 인해 간디의 무혈 항쟁이 촉발되었다. 철도 건설을 통해 중동 지역의 에너지 자원을 선점하려던 독일의 야망은 수포로 돌아갔고, 이라크와 페르시아 만 인근의 원유 자원은 영국이 선점하게 되었다. 인류의 주요 에너지 자원이 석탄에서 석유로 넘어가는 중요한 시점에 원유의 보고인 중동 지역에 대한 주도권을 영국이 선점한 것이 역사적으로 얼마나 큰 의미를 갖는 것인지는 이어진 제2차 세계 대전에서 여실히 드러난다. 원유에 대한 주도권이 제2차 세계 대전의 판세를 좌우하는 데 결정적인 역할을 했기 때문이다.

독일, 일본, 이탈리아의 영토 확장 야욕으로 촉발된 제2차 세계 대전은 얼마 가지 않아 누가 얼마나 많은 물자를 쏟아 붓느냐가 승패를 좌우하는 소모전으로 바뀌었다. 역시 관건은 에너지 자원, 즉 군사 장비를 움직이는 데 필요한 연료였다. 영국은 이미 제1차 세계 대전으로 중동 지역, 특히 이란의 유전을 선점하고 있었기 때문에 세계 대전 중 연료 공급에 어려움이 없었다. 경제 공황기인 1930년에 거대한 텍사스 유전을 발견한 미국도 세계 대전을 수행하기에 충분한 연료를 확보하고 있었다. 더구나 당시 영국과 미국은 세계 여러 곳의 정유 시설에 대한 지분의 대부분을 보유하고 있었다.

반면 독일은 국내에 석탄에서 합성 석유를 가공하는 공장과 몇 개의 정유 시설을 가지고 있었지만 연료는 턱없이 모자랐다. 이 때문에 독일은 러시아와 루마니아에 있는 외국 소유의 정유사들에게서 상당량의 연료를 수입해야만 했다. 아이러니한 것은 이들 정유사의 지분 대부분을 미국과 영국이 쥐고 있었다는 점이다. 일본도 연료의 거의 전부를 미국 정유사에서 수입했고, 당시 중요 전략 물자인 고무의 원료도 수입에 의존하고 있었다. 일본이 미국 진주만을 공습한 것도 미국이 일본의 연료와 고무 원료의 수입선을 차단한 것이 발단이었다. 파죽지세의 상승세를 이어가던 독일의 막강한 전투력이 확연히 꺾인 것도 연합군 폭격기들이 주요 정유 시설들을 파괴하면서 독일군에게 연결되어 있던 연료 공급선을 끊어버린 것이 결정적 계기가 되었다. 결국 전쟁의 결과는 자연자원을 누가 선점했느냐에 의해 판가름 난 것이라고 볼 수 있다.

제2차 세계 대전이 끝나고 수십 년이 지나 이제는 전 세계가 하나로 연결되는 세계화 시대가 되었다. 하지만 물질과 에너지 자원을 놓고 벌어지는 국가들 간의 경쟁과 치열한 신경전은 지금 이 시각에도 계속되고 있다. 국가와 기업이 한데 얽히고설키면서 그 갈등의 양상은 오히려 더 복잡해지고 미묘해지기까지 했다. 에너지 자원 부국으로 부상한 러시아에 대한 유럽 지역의 에너지 의존도가 위험 수준으로 높아졌고, 물질과 에너지 자원을 닥치는 대로 끌어가는 중국의 손길은 아프리카를 포함한 거의 전 세계를 훑고 지나갔다. 사우디아라비아와 맞먹는 양의 원유가 매장되어 있는 이라크 지역에 대한 주도권을 잡으려고 시작한 전쟁이 지리멸렬한 아프가니스탄 전쟁으로 이어지면서, 미국은 마치 18세기 말 신대륙에서의 전쟁으로 영국과 프랑스가 그랬던 것처럼 자신의 국력을 소진하는 딜레마에 빠져 있다. 또 2011년 카다피 정권이 무너지자 유럽의 나토 국가들은 아프리카 대륙에서 가장 많은 매장량을 자랑하는 리비아 원유에 대한 주도권을 놓고 치열한 신경전을 벌이고 있다.

그 와중에 우리나라는 세계 20위권 안에 들어가는 경제 규모에도 불구하고 해외 개발 유전에 대한 소수의 상징적 지분 외에는 안정적인 자체 원유 공급원이 없는 실정이다. 즉 에너지 자원이 부족해져서 원유 공급에 문제가 생기게 되면 심각한 위협에 직면할 수밖에 없는 취약한 구조를 가지고 있다. 지금 우리나라는 자원 고갈의 문제에 관한 한 다른 어떤 나라보다도 더 많이 고민해야 할 입장에 서 있는 것이다.

자연자원의 고갈은
사회를 몰락으로
이끈다

④

인류의 역사를 통해 수많은 문명들이 꽃을 피웠다가 스러져 갔다. 대부분의 문명은 뒤를 잇는 다른 문명에게 바통을 넘겨주었지만 어떤 문명은 흔적만 남긴 채 완전히 사라져 버렸다. 외부 세력과의 충돌도 없이 그야말로 스스로 몰락해 버린 것이다. 대표적인 예로 멕시코 유카탄 반도에 수많은 피라미드 유적을 남긴 마야 문명과 미국 애리조나 인근에 주거지의 흔적들만 남긴 채 사라져 버린 아나사지 문명을 들 수 있다. 제레드 다이아몬드는 한때 융성했지만 다른 문명으로 이어지지 못하고 사라져 버린 이 두 문명이 어떤 과정을 거쳐 몰락했는지를 자신의 저서 『문명의 붕괴』에서 잘 보여 주고 있다.

대부분의 붕괴하는 사회가 그렇듯이 이들 사라진 문명의 경우도 내전, 대량 학살, 약탈, 무정부 상태와 같은 정치 사회적 불안이 몰락의 직접적인 원인이었다. 왜 그러한 사회 불안이 야기되었는지 그 근본 원인을 깊이 파고들어가 보면 이들 사라진 문명들이 하나같이 비슷한 과정을 거쳐 몰락해 갔다는 사실을 발견하게 된다. 흥미로운 것은 정치 사회적 불안은 겉으로 드러나는 현상일 뿐, 그 밑바닥에는 자연 자원이 고갈되면서 빚어진 집단들 간의 갈등이 자리 잡고 있었다는 점이다.

과거 한때 융성했던 문명의 유적지 주변으로는 거의 예외 없이 발달한 농업 기술의 흔적들이 발견된다. 퇴비의 사용, 윤작과 휴경, 경사지의 다랑전, 저수지와 수로, 관개 농업의 흔적 등 당시에는 가히 혁명적이라고 할 수 있는 농업 기술의 발달이 있었음을 알 수 있다. 문명이 싹트는 초기에 가장 핵심적인 자원은 식량과 물이었다. 풍부한 자연환경을 바탕으로 농업 기술 혁명이 일어나게 되면 이 두 가지 자원이 쓰고도 남을 정도로 풍족해진다. 이에 따라 자연히 그곳의 인구도 늘어나게 된다. 또 출산율이 올라가고 주변에서 인구가 유입되면서 노동력이 남아돌 정도로 풍부해진다.

농경사회에서 노동력은 지금의 포크레인이나 불도저와 같은 기계적 장비에 해당하고, 이들이 소비하는 식량은 오늘날의 석탄이나 석유와 같은 에너지 자원에 해당한다. 이 풍부한 노동력을 기반으로 식량 증산이 실현될 뿐만 아니라 거대한 석조 건축물들이 만들어지고 강력한 힘을 가진 정치 조직이 형성된다. 또한 생산과 소비가 늘어나면서 사람들 간의 경제 활동이 활발해지고 사회가 활기를 띠면서 문명이 발달한다.

하지만 문명의 발달이 오랜 기간 지속되면 인구와 소비가 계속 늘어나 마침내 어느 시점에 가서는 적정선을 넘어서게 된다. 이는 곧 인구 과잉과 과소비로 이어진다. 이때부터는 그동안 지속되어 온 성장을 유지하기 위해 모든 수단과 방법이 동원된다. 이는 주변 자연에 대한 과도한 개발을 야기하고, 곧 자연자원의 부족 사태를 가져오게 된다. 또 식량을 얻기 위해 경작지를 넓히면서 주변의 숲을 무분별하게 제거하여 자연 생태계가 무너지기 시작한다. 이에 따라 그러지 않아도 과도한 사냥과 수렵으로 개체수가 줄어들던 물고기와 야생동물들이 자취를 감추게 된다. 또 숲이 사라지면서 땔감의 공급도 줄어든다. 기존의 경작지는 계속된 식량 증산으로 가지고 있던 흙 속의 영양분을 다 잃어버리고 쓸모없는 황무지로 변해 간다. 경작지의 면적이 급격히 넓어지면서 관개수로를 통한 물 공급도 한계에 도달한다.

사회가 인구 과잉과 과소비를 넘어 이 단계에 도달하면 늘어나는 인구와 그 소비를 따라가지 못해 기본적인 식량과 물은 물론이고 자연에서 채취하는 모든 종류의 자원이 고갈되면서 부족해지기 시작한다. 수요는 늘어나는데 공급은 오히려 줄어들기 시작하는 것이다. 이에 따라 모든 자원의 가치가 올라가 빈부 격차가 심화되고 사람들의 생활은 극도로 어려워진다. 기아와 질병이 반복해서 찾아오고 정치적 불안과 갈등이 쌓여간다. 서로 다른 집단끼리 뺏고 뺏기는 크고 작은 내전이 일어나고 폭력과 살인, 심지어 대량 학살이 이어진다.

결국 부족한 자연자원을 사이에 두고 쌓여 온 갈등이 어떤 계기를 빌미로 일시에 폭발하면 그 사회는 매우 짧은 기간에 스스로 몰락하면서 자신이 가지고 있던 문명과 함께 사라져 버린다. 융성했던 문명의 흔적만 남긴 채 말이다.

흥미로운 것은 이들 과거의 문명이 몰락하는 과정에서 촉매 역할을 한 것이 극심한 이상 기후, 특히 수년간 지속된 가뭄이었다는 사실이다. 마야 문명과 아나사지 문명 모두 오랫동안 이어진 가뭄이 역사의 마지막을 장식하고 있다. 가뭄으로 주요 에너지 자원이었던 식량이 고갈되면서 이들의 융성했던 문명도 급격한 몰락을 맞을 수밖에 없었던 것이다.

지구온난화로 촉발된 이상 기후와 각종 자연재해로 지구가 극심한 몸살을 앓고 있는 지금, 우리가 특히 주목해야 할 부분도 여기에 있다. 그동안 지속되어 온 인구 과잉과 과소비로 인해 혹시라도 지금 이 시점이 지구 전체의 주요 자연자원이 거의 고갈되어 몰락으로 이어질 위기에 처해 있는 것은 아닌지 스스로에게 진지하게 물어볼 필요가 있다.

문제는 자신이 처해 있는 상황을 직시하고 정확한 판단을 내리는 데 있어 우리 자신의 '낙관하는 뇌'가 보내는 긍정의 메시지가 가장 큰 걸림돌이 된다는 사실이다. "걱정 마, 괜찮아, 지금까지 그랬던 것처럼 앞으로도 계속 좋아질 거야, 그저 지금까지 해 왔던 것처럼 그대로만 하면 돼, 그러니 비관적인 상황은 가정하지도 마." 이러한 달콤한 속삭임에 온전히 자신의 판단을 맡기게 되면 바로 코앞에 닥친 위험도 제대로 알아채지 못하는 아니 어쩌면 애써 외면하는 이해하기 힘든 무감각과 무기력 상태에 빠지게 된다.

몰락한 문명의 유적에서도 그러한 흔적들을 보게 된다. 멕시코 유카탄 반도의 칸쿤에서 발굴된 옛 마야 궁전의 대형 우물 속 30여 명의 유해는 이들이 모두 귀족 계급에 속한 사람들이었으며 파티라도하고 있었던 듯 최고급의 옷을 입고 화려한 장신구들을 한 채 급작스

사회가 급격히 몰락하는 과정의 이면에는 자연자원이 고갈되는 단계가 자리 잡고 있다. 융성했던 흔적만 남긴 채 사라져 버린 과거의 문명들은 거의 예외 없이 '인구 과잉 → 과소비 → 자연자원의 고갈'이라는 세 단계를 거쳐 갔다. 만약 지금 우리가 그러한 궤도에 올라 앉아 있는 것이라면, 몰락과 붕괴를 피해갈 최선의 방법은 '속도'를 줄이는 것이다.

럽고 끔찍한 최후를 맞았음을 보여 주고 있다. 마야의 마지막 왕인 Kan Maax와 왕비의 시체도 이곳에서 함께 발굴되었다. 이를 통해 이들이 자신의 '낙관하는 뇌'가 보내는 긍정의 메시지에 한껏 취해 있었음을 쉽게 짐작할 수 있다.

자연자원의 고갈로 인한
사회 붕괴는
현재 진행형이다

5

마야 문명처럼 한 사회가 스스로 몰락해 버린 것은 과거에만 있었던 일이 결코 아니다. 인구 과잉과 과소비 단계를 거쳐 주변의 자연자원이 고갈되어 버리면서 사회가 몰락의 목전에 서게 되는 일은 지금 바로 이 순간에도 재현되고 있다. 그 대표적인 예가 바로 아프리카 대륙의 중심부에 위치한 르완다 인근 지역의 몰락이다.

르완다는 남한의 약 4분의 1 크기에 불과한 작은 나라로, 탄자니아, 우간다, 부룬디, 그리고 거대한 콩고 공화국과 국경을 접하고 있다. 아프리카 대륙의 동쪽을 따라 남에서 북으로 무려 4,000킬로미터에 걸쳐 뻗어 있는 거대한 협곡인 '동아프리카 지구대'의 중간 정도에 위치하고 있다. 이 거대한 협곡은 아프리카 대륙이 두 개의 지각 판으로 갈라지면서 생긴 것으로, 지금도 갈라진 틈으로 맨틀의 마그마가 올라오고 그로 인한 화산과 지진 활동이 계속되고 있다. 적도선이 지나가는 르완다 인근 지역에는 항상 비가 많이 내리기 때문에 이 거대한 협곡을 따라 커다란 호수들이 산재해 있다. 전 세계에서 두 번째로 큰 표면적을 지닌 나일 강의 발원지인 빅토리아 호수도 바로 이 인근에 위치하고 있다. 이 일대는 물이 풍족하고 토양이 비옥해서 열대우림이 우거져 각종 동식물이 서식하는 생물다양성의 보고로 알려져 왔다. 또한 활발한 지각 활동으로 금Au과 주석Sn을 비롯한 각종 광물자원도 풍부하다. 특히 현대 반도체 산업에 없어서는 안 되는 나이오븀Nb과 탄탈륨Ta의 원석인 콜탄coltan이라는 광물자원이 대량 매장되어 있다. 이와 같이 르완다 인근 지역에는 아프리카의 다른 지역과는 달리 풍족한 자연자원이 집중되어 있다.

그러나 아이러니하게도 이러한 자연자원의 풍요는 오히려 재앙을 불러들이는 결과를 낳고 있다. 풍족한 자연환경으로 인해 주변에서 인구가 계속 유입되어 인구 과잉 상태가 되고 있는 것이다. 또한 급격한 인구 증가로 소비가 늘어나면서 부족해진 농경지와 목초지를 사이에 두고 갈등이 빚어지기 시작했고 급기야는 서로 죽고 죽이는 살육전으로 발전했다.

갈등의 도화선은 인접한 두 개의 작은 나라인 르완다와 부룬디에서 시작되었다. 1950년에 이 두 나라의 인구를 합친 수가 450만 명이었던 것이 2011년에는 무려 4배 이상 증가하여 2,000만 명을 넘어섰으며 계속 빠른 속도로 늘어나고 있다. 이 두 나라를 합친 면적은 우리나라의

2분의 1에 불과하다. 한 명당 평균 다섯 명의 아이를 낳는 높은 출산율도 문제이지만 인근 지역에서 인구가 계속 유입되면서 상황이 더욱 악화되었다. 전통적으로 소규모 자경 농업과 목축업에만 의존해 온 주민들은 자신들의 먹을거리를 경작할 땅이 갈수록 부족해지면서 서로 갈등을 빚기 시작했다.

경작할 땅을 사이에 두고 쌓여 왔던 집단 간의 갈등은 마침내 일련의 극단적인 사건을 계기로 표출되기 시작했다. 지난 1972년 투씨 Tutsi족이 집권하고 있던 부룬디에서 투씨족 민병대가 정부에 반기를 들었던 후투 Hutu족 20만 명을 대량 학살하면서 극단적 분쟁이 시작된 것이다. 1992년에는 부룬디의 후투족 대통령이 암살된 정치적 사건을 계기로 이번에는 후투족이 투씨족 70만 명을 학살했다. 이듬해인 1994년에는 모종의 비행기 추락 사고로 부룬디와 르완다 대통령이 함께 사망하면서 르완다에서 약 100일에 걸쳐 또 다시 투씨족 100만 명이 학살되었다.

이후 후투족과 투씨족은 계속된 학살 사태를 피해 르완다에 인접한 콩고 공화국의 산악지대로 도망쳐 각자 나름대로의 민병대를 조직하면서 일대는 극도의 혼란 상태에 빠져들었고 마침내 콩고까지 개입하면서 얽히고설킨 내전으로 번졌다. 그동안은 마치 서로 다른 인종 간의 살육전처럼 비쳐졌지만 이때부터는 인종에 상관없이 땅과 광물자원을 누가 선점할 것인지를 놓고 벌어지는 일대 내전이 되어 버렸다. 무려 여덟 개의 인근 국가가 연루되었으며, 20여 개가 넘는 민병조직이 참여했다. 결국 이러한 콩고 공화국에서의 두 번에 걸친 아프리카 대전Great African War으로 1998년부터 2003년까지 무려 500만 명이 넘는 민간인들이 질병과 기아로 사망했다.

지금은 국제사회가 개입하여 맺은 2003년 평화협정에 따라 공식적으로는 전쟁이 종식되었지만 아직도 르완다와 콩고 접경 지역에서는 크고 작은 전투와 민간인에 대한 약탈, 강간, 학살이 일상적으로 이어지고 있다. 경작지를 넓히고 땔감을 마련하기 위해 나무를 베어 내면서 지금은 서방에 의해 지정된 몇 개의 보호구역만 남긴 채 울창하던 숲도 모두 사라져 버렸고 생물다양성은 회복할 수 없을 정도로 훼손되어 버렸다. 또 계속된 수확으로 경작지는 흙 속의 영양분을 상실한 채 피폐해져 버렸다. 곡물의 생산량은 극도로 줄어들었고 호수의 어족 자원은 계속된 남획으로 고갈되어 버렸다. 먹을거리는 계속 급감하고 폭력, 질병, 기아로 삶이 비참하기 이를 데 없는데 여전히 인구는 늘어나고 있다. 이제 이곳의 상황은 더 이상 정부의 공권력으로도 통제할 수 없는 무정부 상태로 변해가고 있다. 이 때문에 아프리카 대전은 아직도 진행형이라고 말할 수 있다.

불과 10여 년 전에 일어난 아프리카 대전과 지금도 이어지고 있는 후유증으로 검은 대륙에서는 제2차 세계 대전 이후 가장 많은 인명 손실을 기록했다. 하지만 사람들은 이를 그리 대수롭지 않게 여기는 것처럼 보인다. 이것은 아마도 사람들이 아프리카에서의 전쟁을 단순히 서로 다른 종족 간의 인종적 분쟁쯤으로 여기기 때문인 것 같다. 인종적 갈등이 없는 자신들에게는 그런 일이 일어날 이유가 없다고 생각할 수도 있다. 하지만 그 끔찍한 살육전들은 단순히 인종적 차이에서 비롯된 것이 결코 아니라는 점에 주목해야 한다. 겉으로 보이는 것과는 달리 실제로는 부족해진 자연자원을 놓고 벌어진 각축전이었다는 사실을 이해할 필요가 있다. 이는 그냥 대수롭게 넘겨버릴 일이 결코 아니다. 자원이 부족해지면 누구에게나, 그리고 어느 나라에서나 언제라도 이와 같은 끔찍한 일이 일어날 수 있기 때문이다.

그 어느 누구도 미래를 정확하게 예측할 수는 없다. 하지만 지나온 과거에 비추어 볼 때, 앞으로 자연자원을 사이에 두고 벌어지는 개

아시아 다음으로 두 번째로 큰 대륙인 아프리카에는 전 세계 인구의 15%가 살고 있다. 인구 과잉으로 인한 자연자원의 고갈로 현재 아프리카에서는 제한된 양의 자연자원을 사이에 두고 이를 선점하려는 세력들 간에 크고 작은 내전이 끊이지 않는다. 계속되는 분쟁으로 인권은 물론이거니와 자연 생태계의 파괴가 심각한 수준으로 진행되고 있다.

인, 집단, 국가 간의 갈등은 갈수록 고조될 것이 분명하다. 지난 100여 년간 이어진 대규모 경제 성장으로 대부분의 물질 자원과 에너지 자원의 생산량이 정점에 와 있기 때문이다. 생산량 정점은 매장된 자원의 절반 정도를 소비한 시점이라고 보면 된다. 앞으로는 거의 모든 종류의 자연자원이 점점 부족해지게 되므로, 이를 선점하려는 과정에서 이해관계가 충돌할 수밖에 없다.

자원을 두고 발생하는 갈등이 분쟁으로 이어지는 위기 상황은 언제라도 우리 앞에 닥칠 수 있다. 그것도 예고도 없이 갑자기 말이다. 그래서 우리에게는 자연자원이 극도로 부족해지는 위기 상황에 대한 가상 연습과 대비가 절실하다. 이를 위해서는 무엇보다 과거와 현재를 비판적인 시각으로 바라보는 작업이 필요하다. 이 작업 자체가 이미 하나의 가상 연습이다. 우리가 상상 속에서만 가정해 보았던 위기 상황이 현실이 되어 다가왔을 때 그러한 가상 연습은 분명 우리를 살아남게 할 것이다.

새로운
에너지 자원의 등장은
사회 변화를 야기한다

6

인류 사회의 모습은 문명의 발달과 함께 계속 변해 왔다. 오랜 시간에 걸쳐 점진적으로 조금씩 바뀌기도 했지만 어떤 경우에는 비교적 짧은 기간에 걸쳐 급격한 대변혁이 일어나기도 했다.

역사학자들은 이러한 급격한 사회 변화를 기점으로 하여 인류 역사를 몇 개의 구간으로 나누기도 한다. 석기, 청동기, 철기로 나누는 방법이 대표적인 예이다. 각 시대의 이름에서도 드러나듯이 당시 연장과 도구를 만드는 데 주로 어떤 재료를 사용했는지가 분류의 기준이 된다. 그런데 그 역사적 배경을 보다 자세히 들여다보면 그러한 재료의 변천사가 당시 주로 어떤 종류의 에너지 자원을 사용했는지에 의해 결정되었다는 사실을 깨닫게 된다.

석기 시대에는 열을 얻기 위해 주로 나무를 땔감으로 사용했다. 장작을 태워 추위를 피했고 기껏해야 300도 내외의 낮은 온도에서 물고기나 동물을 구워 먹는 것이 고작이었다. 광석을 가열하여 금속을 얻는 것은 생각도 할 수 없는 일이었다. 기원전 3000년경에 들어와서야 인류는 비로소 땔감을 사용하는 새로운 방법을 모색하기 시작했다. 나무를 그냥 태우지 않고 검은 숯으로 만들어 태우기 시작한 것이다. 그리고 숯을 한데 모아 놓고 강제로 산소를 공급하면 과거에는 생각하지도 못했던 높은 온도까지 도달한다는 것을 발견했다. 즉 여러 사람들이 둘러앉아 숯더미 속에 박아 넣은 긴 대롱에 입으로 공기를 불어넣으면 무려 1,100도의 높은 온도까지 올릴 수 있었다. 마치 숯불구이 집에서 숯을 가득 채운 화로에 풀무로 바람을 불어넣는 것

인류 문명의 변천사는 연장을 만드는 데 주로 사용되었던 물질의 종류에 따라 석기-청동기-철기로 나누기도 한다. 이와 같은 물질 자원의 변천사는 당시 인류가 쉽게 손에 넣을 수 있었던 에너지 자원의 변천사와도 밀접한 연관을 가지고 있다. 인류는 땔나무-숯-석탄-석유로 이어지는 에너지 자원을 보다 높은 온도에서 다양한 방식으로 활용하게 되었고 그에 따라 인류가 손에 넣을 수 있었던 물질의 종류도 갈수록 다양해졌다.

과 같은 원리였다.

그뿐만 아니다. 자연에서 채취한 특별한 종류의 돌파란색 구리의 원석을 숯과 함께 높은 온도에서 가열하면 노란색 액체가 녹아나와 딱딱한 구리 덩어리가 된다는 것도 발견했다. 여기에 주석의 원석을 함께 넣고 가열하면 순수한 구리보다 훨씬 단단한 청동bronze이라는 합금이 만들어진다는 사실도 터득했다. 인류가 돌로 만든 연장을 버리고 청동으로 제작한 새로운 형태의 발전된 도구를 사용하게 된 것은 열을 얻기 위해 사용했던 땔감의 변천사와 밀접한 관련이 있다는 것을 알 수 있다.

이처럼 자연에서 얻어지는 원석산화물이나 황화물을 숯과 함께 가열하여 환원된 형태의 금속을 얻는 방법을 야금술이라고 한다. 인류는 청동기 시대에 들어와 야금술을 통해 구리Cu뿐만 아니라 주석Sn, 납Pb, 그리고 철Fe을 생산할 수 있게 되었다. 자연에서 이미 금속 상태로 발견되었던 금과 은을 포함하면 총 여섯 가지의 금속을 원소 상태로 손에 넣게 된 것이다.

연장과 무기를 만드는 데 돌 대신 청동이 널리 사용되면서 인류의 생활 방식도 크게 바뀌기 시작했다. 특히 노천에서 많은 양의 구리 원석을 쉽게 얻을 수 있었던 근동 지방을 중심으로 급격한 사회 변화가 일어났는데, 이것은 팔레스타인 지역을 배경으로 펼쳐지는 구약 성경의 이야기 속에 잘 묘사되어 있다. 당시 인근 지역을 휩쓸었던 아시리아, 바빌로니아, 이집트 등의 강력한 힘은 모두 청동기로 무장한 군사력에서 나온 것이었다.

숯을 사용한 가열 방식은 개선을 거듭하여 2,000도의 높은 온도까지 도달할 수 있게 되었고, 기원전 1000년경에는 철에 소량의 탄소가 섞인 단단한 쇠가 연장과 무기를 만드는 재료로 사용되기 시작했다. 특히 쇠로 만든 무기의 등장은 세력 다툼에서의 힘의 판도를 완전히 바꾸어 놓는 계기가 되었다. 신약성경의 배경에 등장하는 쇠로 만든 검과 창으로 무장한 로마제국의 강력한 군대는 철기 시대의 서막을 장식하는 상징적인 존재이다. 로마제국의 군대가 유럽을 중심으로 아프리카와 서아시아에 걸친 넓은 지역을 점령할 수 있었던 힘도 철광석을 가열하여 쇠를 만드는 새로운 기술에서 나왔다고 해도 과언이 아니다.

하지만 숯을 이용한 야금술로 철을 얻는 과정은 매우 높은 온도를 필요로 했고 철에 소량의 탄소를 섞어 쇠를 얻는 조건도 매우 까다로웠기 때문에 일상생활에서는 여전히 청동이 보편적으로 사용되었다. 실질적으로 거의 모든 영역에서 쇠가 청동을 대신한 것은 근대로 넘어와 17세기에 석탄이 숯을 대신하면서부터이다.

당시 영국에서는 13세기에 이미 노천에서 채취한 석탄이 일부 난방용 땔감으로 사용되고 있었지만 대부분의 사람들은 여전히 나무와 숯을 땔감으로 사용했다. 하지만 아름드리나무를 계속 잘라내면서 빠른 속도로 숲이 사라짐에 따라 양질의 숯은 점점 더 구하기 힘들어졌다. 더 이상 충분한 양의 숯을 얻을 수 없게 되자 사람들은 석탄에 눈을 돌리기 시작했다. 하지만 노천에서 채취하던 석탄마저 얼마 가지 않아 고갈되어 버렸다. 그러자 18세기에 들어오면서 땅속에 묻힌 석탄층으로 굴을 파고 들어가는 소위 석탄 광산이 개발되기 시작했다. 당시 영국은 석탄 매장량이 풍부했다.

석탄이 본격적으로 사용되면서 모든 것이 변하기 시작했다. 우선 석탄을 땔감으로 사용하는 새로운 구조의 개선된 화로가 등장했고, 야금술이 발달하기 시작했다. 야금술의 발달로 철의 대량 생산이 가능해졌고 쇠로 만든 연장이나 무기가 널리 보급되었다. 비로소 철기 시대가 본격적으로 시작된 것이다.

철의 생산이 용이해지면서 단순한 형태의 기계류가 발명되기 시작했다. 특히 이때 인류 역사에 한 획을 긋게 될 기계 장치 하나가 발명되었는데, 그것이 바로 증기기관이다. 증기기관은 땔감을 태울 때 발생하는 열을 일로 바꾸어 주는 일종의 에너지 변환 장치이다. 그때까지만 해도 장작이나 석탄은 태울 때 발생하는 열을 그대로 이용하는 땔감의 용도로만 쓰였다. 그런데 증기기관의 등장으로 장작과 석탄은 과거에는 생각하지도 못했던 새로운 용도로 사용되기 시작했다. 단순히 열을 얻는 땔감이 아닌 일을 하는 원동력으로 사용되기 시작한 것이다.

처음 증기기관이 발명되었을 당시에는 그 덩치가 너무 크고 효율도 낮아 쓸모가 많지 않았다. 그러다가 18세기 말에 제임스 와트James Watt를 비롯한 몇 명의 발명가들에 의해 작고 효율적인 증기기관이 발명되면서 그동안 사람과 가축, 그리고 기껏해야 물의 힘으로 돌아가는 물레방아의 동력에만 의존했던 대부분의 생산 작업이 증기기관에 의존하게 되었다. 인류가 자신의 어깨를 짓누르고 있던 노동의 멍에를 벗어던지는 순간이었다. 소위 '산업혁명'이 일어난 것이다.

산업혁명을 계기로 석탄은 나무와 숯을 대신하여 인류의 주요 에너지 자원으로 부상했다. 석탄을 태우는 증기기관이 보편적으로 사용되면서 영국 경제는 빠르게 성장하기 시작했고, 마침내 그 효과는 사람들의 사는 모습까지도 바꾸어 놓기에 이르렀다. 에너지 자원의 종류가 바뀌면서 급격한 사회 변화가 일어난 것이다.

하지만 이후 원유라는 새로운 에너지 자원이 가세하면서 일어난 20~21세기의 사회 변화와 비교하면 석탄의 등장과 함께 시작된 산업혁명기의 변화는 유럽이라는 좁은 지역에 국한되어 있었을 뿐만 아니라 전체 규모 면에서도 비교가 안 될 정도로 작은 것이었다.

1956년에 미국 할리우드에서 제작한 "자이언트Giant"라는 영화는 단 두 편의 화제작을 찍고 24세의 젊은 나이에 요절한 제임스 딘과 2011년 79세의 나이로 별세한 엘리자베스 테일러가 열연했던 대형 스펙터클 영화로 유명하다. 이 영화는 '텍사스 유전'이 발견된 1930년을 기점으로 원유라는 새로운 에너지 자원의 등장으로 인해 미국의 광활한 텍사스 평원에서 일어났던 급격한 사회 변화를 잘 묘사하고 있다. 소와 카우보이들이 먼지를 날리던 광활한 목장 지대에는 여기저기에 수직으로 선 기름 파이프들이 들어섰고, 조그마한 소도시였던 댈러스는 새로 지어진 거대한 빌딩들 사이로 신형 자동차들이 번쩍이며 달리는 별천지로 변해 버렸다. 당시 미국은 공황기의 극심한 경제 침체로 모두가 고통 받고 있었지만 유독 텍사스만 딴 세상이었다. 바로 땅속에서 터져 나온 검은 황금, 원유가 가져다 준 행운 때문이었다.

공황기의 침체 속에서 미국 텍사스에서 일어났던 이변은 제2차 세계 대전이 끝나면서 여러 도시들로 퍼져나가 미국인들의 생활 양식을 완전히 바꾸어 놓았다. 원유라는 새로운 에너지 자원이 가파른 경제 발전과 급격한 사회 변화를 가져온 것이다. 과거 1800년부터 2000년까지 지난 200년간의 미국 GDP 변화를 보면 근 140여 년 간 별다른 변화가 없다가 1945년을 기점으로 가파르게 상승하기 시작한 것을 알 수 있다. 그러한 빠른 속도의 경제 발전이 가능하려면 엄청난 양의 에너지가 투입되었어야 하는데, 그것이 바로 원유였다.

원유가 안고 있는 잠재력을 깨달은 미국은 1930년대부터 사우디아라비아에서의 유전 개발권을 선점하고 탐사에 들어갔다. 제2차 세계 대전이 끝난 직후인 1948년 미국은 마침내 사우디아라비아에서 지금까지 알려진 가장 큰 매장량을 가진 가와Ghawar 유전을 발견하고 이에 대한 상당한 지분을 확보했다. 미국은 국내의 텍사스 유전뿐만 아니라 국외에서의 안정적인 원유 공급원도 선점한 것이다. 이후 미국의 경제는 가파른 GDP 곡선을 그리면서 빠르게 성장했다.

텍사스에서 일어났던 변화가 미국 전체로 퍼져나갔듯이 원유를 동력원으로 한 미국의 경제 발전은 점차 다른 나라로 파급되면서 세계 전체의 경제 발전으로 이어졌다. 우리나라도 예외는 아니었다. 지난 100년간 우리나라의 GDP는 1970년을 기점으로 가파른 상승 곡선을 그리며 올라가는 것을 볼 수 있다. 그 요인으로는 농촌의 근대화, 중화학공업 육성, 제조업을 통한 수출 증대 등 여러 정책적 요인들을 들 수 있는데, 궁극적으로 그 모든 것을 가능하게 한 것은 바로 수출을 통해 벌어들인 구매력으로 외국에서 수입해 온 원유였다.

이처럼 에너지 자원이라는 관점에서 과거를 조망해 보면 인류의 역사를 구분하는 또 하나의 방식을 생각해 볼 수 있다. 바로 에너지 자원의 종류를 기준으로 역사를 나누는 것이다. 즉 석기 시대까지를 '나무의 시대', 청동기 시대부터 17세기까지를 '숯의 시대', 이후 19세기까지를 '석탄의 시대', 그리고 20세기 이후 지금까지를 '원유의 시대'로 볼 수 있다. 우리는 지금 바로 '원유의 시대'를 살고 있는 것이다.

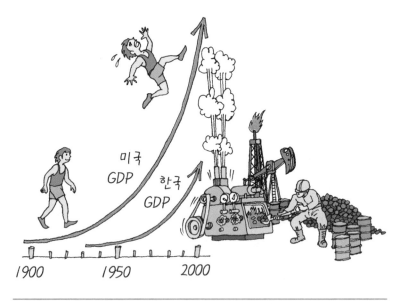

미국과 한국의 GDP 성장을 나타내는 곡선이 보여 주듯이 100여 년이라는 짧은 기간 동안 세계 주요 국가의 경제 규모는 유사 이래 전례가 없을 정도로 급격하게 팽창했다. 그와 같은 한 세기 동안의 급격한 발전이 가능했던 것은 바로 석탄과 석유라는 새로운 에너지 자원 때문이었다.

발전의 원동력은
잉여 에너지에서
나온다

7

        기본적으로 급격한 경제 발전과 사회 변화가 가능하려면 그 사회가 가지고 있는 남아돌아가는 '잉여 에너지'가 많아야 한다. 예를 들어 어떤 사람의 기초대사량이 1,000킬로칼로리인데, 어느 날 그 10배나 되는 10,000킬로칼로리의 음식을에너지원을 먹었다고 하자. 기본적인 활동밖에 하지 않는다고 가정하면 9,000킬로칼로리의 에너지는 남아도는 잉여 에너지이므로, 살만 찌우게 될 것이 뻔하다. 따라서 무언가 열심히 일을 하여 잉여 에너지를 소비하는 것이 더 이익이다. 다시 말해 잉여 에너지가 많을수록 그렇지 않은 사람보다 훨씬 많은 일을 할 수 있으며, 그렇게 하는 것이 훨씬 더이익이라는 의미이다. 사회도 이와 마찬가지이다. 현 상태를 그대로 유지하고도 충분한 잉여 에너지가 남게 되면 그 사회는 성장과 발전의 원동력을 갖게 되면서 경제 발전과 사회 변화를 실현할 수 있게 된다.

　오늘날 전 세계가 급속한 사회, 경제적 변화를 거쳐 발전할 수 있었던 것은 그만큼 우리에게 남아도는 잉여 에너지가 많았다는 것을 반증한다. 그렇다면 이러한 잉여 에너지는 도대체 어디에서 온 것일까? 그것은 바로 현재 우리의 주된 에너지 자원인 원유에서 온 것이다. 원유에는 어떤 특별한 점이 있기에 그와 같이 많은 잉여 에너지를 남기게 된 것일까?

　먼저 연료를 비교해 보면 나무, 석탄, 원유 순으로 원래 가지고 있는 에너지양이 증가하는 것을 알 수 있다. 나무의 기본 구성 요소인 글루코스는 그램당 15킬로주울, 석탄은 그램당 30킬로주울, 그리고 원유는 그램당 50킬로주울로, 단위무게당 가지고 있는 에너지양은 단연 원유가 많다. 하지만 단위그램당 가지고 있는 에너지양이 많다고 해서 반드시 우리가 실질적으로 사용하게 되는 에너지가 많아지는 것은 아니다.

　정작 중요한 것은 원래 가지고 있던 에너지에서 그 연료를 우리 손에 넣기 위해 사용한 에너지를 뺀 나머지, 즉 '순에너지'의 크기이다. 예를 들어 단위무게당 30킬로주울의 에너지를 가지고 있는 석탄을 땅속에서 캐내는 데 20킬로주울의 에너지를 소비해야 한다고 하자. 그렇게 되면 실질적으로 얻게 되는 순에너지는 30에서 20을 뺀 나머지인 10킬로주울밖에 되지 않는다. 따라서 주위에 쉽게 잘라 쓸 수 있는 나무가 많을 경우, 실제로 얻게 되는 에너지 측면에서는 땔나무나 석탄이나 그렇게 큰 차이가 없다. 즉 주변에 울창한 숲이 많을 경우에는 굳이 땅속까지 파고 들어가 석탄을 캐낼 이유가 없다.

물론 더 이상 자를 아름드리나무가 없어지면 이야기는 달라진다. 여기에 바로 원유가 가지고 있는 강점이 숨어 있다. 원유는 일단 유전을 발견하면 땅속 깊숙이 빨대를 꽂기만 하면 된다. 심지어 초기에는 구멍만 뚫어주어도 땅속의 압력으로 인해 자기 스스로 펑펑 솟아

단위무게당 많은 에너지를 가지고 있다고 해서 반드시 좋은 에너지 자원이라고 할 수는 없다. 만약 어떤 물질을 발굴하여 사용 가능한 형태로 처리하는 과정에서 많은 에너지가 소비되어야 한다면 그 물질은 에너지 자원으로서 바람직하지 않을 수도 있다. 중요한 것은 물질이 원래 가지고 있던 에너지 중에서 실질적으로 얼마만큼을 남길 수 있는가이다. 이를 '순에너지'라고 한다. 위의 그림은 원래 석탄이 나무의 두 배에 가까운 에너지를 가지고 있었지만 실제 순에너지를 따지면 다를 바가 없다는 예를 보여 주고 있다.

나온다. 유전의 크기만 상당하다면 원유를 정제하고 분류하는 정유 시설과 이에 대한 유지 비용도 큰 문제가 되지 않는다. 운송, 적재, 보관 과정도 석탄에 비해 비용이 훨씬 적게 든다. 탐사 활동과 채굴 과정에 들어가는 비용만 크지 않다면 원유가 원래 가지고 있던 에너지의 상당 부분이 사실상 순에너지나 다름없다. 따라서 원유를 연료로 사용하게 되면 원래 필요로 하던 에너지를 얻은 후에도 많은 양의 잉여 에너지가 남게 된다. 이것이 곧 발전과 성장의 원동력이 되는 것이다.

더구나 원유를 정제하여 얻게 되는 등유, 경유, 휘발유와 같은 액체 연료들은 짧은 시간에 높은 효율로 에너지를 뽑아 쓸 수 있다는 면에서도 석탄에 비해 큰 이점을 가지고 있다. 석탄은 고체여서 적절한 열량을 내기까지 오랜 시간 예열해야 하지만 원유에서 얻는 액체 연료들은 긴 예열 과정 없이도 곧바로 열을 방출한다. 또한 석탄은 고체여서 기체인 산소와의 혼합이 잘 안 되기 때문에 불완전 연소되어 에너지 효율이 낮고 많은 양의 검댕을 발생시킨다. 그러나 액체 연료들은 증발된 기체를 태우는 것이나 다름없기 때문에 공기 중에서 쉽게 완전 연소되어 에너지 효율이 높다.

증기기관을 장착한 과거의 군함과 디젤 엔진을 장착한 오늘날의 군함의 전력을 비교해 보면, 이 두 연료의 차이를 쉽게 이해할 수 있다. 증기기관을 장착한 과거의 군함은 전속력을 얻기 위해 엔진의 최고 출력에 도달하기까지 5시간이나 걸리는 반면 디젤 엔진을 장착한 오늘날의 군함은 단 5분이면 된다. 동일한 거리를 운항하는 데 필요한

현대인의 생활은 모든 영역에서 빠른 속도를 실현하는 방향으로 그 모습이 바뀌었다. 많은 잉여 에너지를 사회에 안겨 준 '원유'라는 새로운 에너지 자원을 사용하기 시작한 것이 그 결정적 계기였다.

연료의 무게도 경유는 석탄의 4분의 1밖에 되지 않는다. 더구나 엔진 자체의 무게도 디젤 엔진은 증기기관의 3분의 1에 불과하다. 고체 덩어리인 석탄은 운송이나 적재에도 추가 비용이 더해진다. 예를 들면 과거 군함에 석탄을 가득 채우려면 일주일 동안 수백 명의 인원이 동원되어야 했는데, 연료 탱크에 경유를 적재하는 데는 10여 명이 반나절이면 충분하다. 이처럼 원유는 순에너지가 클 뿐만 아니라 여러 면에서 석탄에 비해 월등히 우수하다.

　제1차 세계 대전을 계기로 원유가 인류의 새로운 에너지 자원으로 도입되었다고 해서 원유가 석탄을 대체한 것은 결코 아니었다. 원유가 사용되기 시작한 후에도 석탄의 소비량은 줄기는커녕 오히려 꾸준히 증가해 왔고, 여기에 천연가스도 가세했다. 결국 원유의 도입은

석탄을 대체하기보다는 추가로 더 많은 에너지를 사용하는 계기가
되었다.

결과적으로 원유를 주요 에너지원으로 도입하면서 인류 사회에는
엄청나게 많은 양의 잉여 에너지가 남게 되었고, 이는 근현대에 일어
난 급격한 경제 발전을 가능하게 한 기반이 되었다. 특히 원유는 다
른 에너지 자원에 비해 많은 잉여 에너지를 창출할 수 있어 과거에는
생각하지도 못했던 고도의 문명을 건설할 수 있도록 해 주었다.

원유에 중독된 인류는
그 어느 때보다도
자원 고갈에 취약하다

8

이집트, 마야, 아즈텍, 앙코르와트 등 과거의 찬란했던 문명의 유산을 보고 있노라면 자연스레 이런 의문을 가질 수 있다. "저 엄청난 토목공사를 하는 데 들어간 에너지는 도대체 어디에서 나온 것일까?" 고증을 통해 도르래와 지렛대 같은 기술을 사용했던 사실이 밝혀지고는 있지만 이와 같은 방법들은 어디까지나 에너지를 활용하는 수단이지 에너지 그 자체는 아니다. 어떤 동력원을 사용했고, 여기에 공급된 에너지 자원이 있었을 것이 분명하다.

과거 고대 문명의 유적들을 살펴보면 한 가지 흥미로운 사실을 발견하게 된다. 그것은 잘 발달된 수로와 관개시설을 활용하고 독특한 경작 방식을 적용했다는 것을 짐작하게 해 주는 흔적들이 쉽게 발견된다는 점이다. 이것은 바로 농업 혁명이 있었음을 보여 주는 흔적들이다. 곡식을 경작하는 새로운 방법을 터득하면서 식량 증산이 이루어졌고, 풍족한 식량으로 인해 많은 양의 잉여 에너지가 남았던 것이다. 그야말로 충분히 잘 먹어 힘이 남아돌아가는 건강한 사람들이 넘쳐났다. 이러한 잉여 에너지가 경제 발전과 사회 변화의 원동력을 제공하면서 마침내 돌을 쌓아 만든 거대한 도시를 건설하기에 이른 것이다. 다시 말해 과거 찬란했던 유산을 쌓아 올린 동력원은 사람의 힘, 즉 인력이었고 그들에게 제공된 에너지 자원은 바로 식량이었다. 이와 같은 원리는 중세까지도 그대로 이어졌는데, 유럽 각지에서 볼 수 있는 돌로 쌓은 멋진 성들을 통해 당시에 얼마나 많은 인력이 동원되었으며 얼마나 많은 식량을 생산하고 소비했던가를 상상할 수 있다.

그런데 과거의 유적들을 보면 또 하나의 흥미로운 사실에 주목하게 된다. 이들이 일상생활에서 사용했던 대부분의 재료가 주변 자연에서 쉽게 얻을 수 있는 돌과 나무였다는 점이다. 그릇이나 집기, 심지어 간단한 도구들도 대부분 주변에서 쉽게 얻을 수 있는 자연물로 만들어졌고, 일부는 청동이나 철제를 사용한 것이었다. 그렇다면 현대를 사는 우리들의 경우는 어떠한지 주위를 한 번 살펴보자.

지금도 목재와 석재시멘트와 세라믹의 형태, 그리고 금속재가 혼용되어 사용되고 있다는 점에서는 과거와 비슷하다. 하지만 여기에 한 가지 큰 차이점이 있다. 그것은 바로 플라스틱이 우리의 생활 공간 거의 대부분을 점유하고 있다는 사실이다. 플라스틱은 원유에서 만들어지는 물질이다. 이뿐만이 아니다. 주변을 잠시만 둘러보아도 현재 우리가 일상적으로 사용하고 있는 거의 모든 것들이 얼마나 원유와 밀접하게 직결되어 있는지 쉽게 알 수 있다. 각종 플라스틱은 물론이고 합성고무, 합성섬유, 인조가죽, 수많은 종류의 약품, 각종 첨가제, 페인트, 아스팔트 등 이루 헤아릴 수 없이 많은 것들이 모두 원유로부터 얻어진다. 심지어 우리 밥상에 오르는 먹을거리조차도 원유를 연료로 사용하는 각종 농기계와 대형 어선들 덕에 그 많은 양을 공급받고 있는 것이다.

자원이라는 관점에서 보면 이것은 과거의 문명들이 경험했던 것과는 전혀 다른 상황이다. 과거에는 식량이 단지 에너지를 공급해 주는 에너지 자원에 불과했기 때문에 주로 사용되었던 물질 자원과 에너지 자원의 종류가 서로 달랐다. 이와는 대조적으로 오늘날 인류에게 있어서 원유는 에너지 자원일 뿐만 아니라 우리가 사용하는 거의 모든 것들을 만드는 데 없어서는 안 되는 물질 자원이 되어 버렸다. 그만큼 현재의 우리 생활은 원유에 철저히 의존적이다. 마치 마약에 중독된 환자처럼 원유에서 손을 떼려야 뗄 수 없는 상태가 되었다. 이렇게 중요한 자원이 어느 날 갑자기 부족해지거나 없어졌다고 상상해 보라!

앞에서도 이야기했듯이 과거 주요 문명들의 붕괴 과정을 재현해 보면 매우 짧은 기간에 걸쳐 사람들이 도시를 버리고 떠났음을 알 수 있다. 심지어 많은 경우 기아, 무정부 상태, 전쟁, 파괴, 살육의 흔적들이 남아 있다. 특히 주목할 것은 이러한 사회적 붕괴의 대부분이 오랜 기간 지속된 가뭄으로 촉발되었다는 사실이다. 기상 이변으로 야기된 물 부족으로 당시 사회가 의존하고 있던 주요 에너지 자원인 식량 공급에 문제가 생겼던 것이다. 결국 문명의 발전과 성장을 가져다주었던 잉여 에너지가 남아돌기는커녕 사회 구조의 현 상태를 유지하는 데 필요한 최소한의 에너지도 부족해지면서 사회는 급속하게 붕괴의 길로 들어섰다.

이와 같은 역사적 사실은 마치 중독이라도 된 듯 원유에 심하게 의존하고 있는 현재의 우리들에게 매우 중요한 시사점을 던져주고 있다. 만약 어떤 이유로 원유의 공급이 한계점에 도달하면서 사회에 남아돌던 잉여 에너지가 짧은 기간에 걸쳐 급속도로 줄어들게 되면 과

한 가지 종류의 자원에만 치중하여 의존하는 것은 마치 암벽 등반가가 한 가닥의 밧줄에 온몸을 내맡긴 것과 같다. 거의 모든 영역에서 원유에 중독되어 버린 오늘날 현대인들의 생활은 자원의 관점에서 보면 아슬아슬하기 이를 데 없다. 가용한 원유 자원의 양이 한계치에 도달하면서 공급에 차질이 생기기 시작하면 마치 그동안 의존해 왔던 한 가닥의 밧줄이 끊어지는 것과 같은 상황이 올 수도 있다.

거 몰락한 문명들이 경험했던 일들이 현대를 사는 우리들에게도 얼마든지 재현될 수 있다는 사실이다. 더구나 사회를 유지하기 위해 필요로 하는 물질 자원과 에너지 자원의 대부분을 원유라는 한 가지 종류에만 큰 폭으로 의존하고 있는 현대의 인류는 그 어느 때보다도 취약한 상태에 놓여 있다.

지나간 역사는 마치 산전수전 다 겪은 늙은이가 철없는 젊은이에게 넌지시 던지는 속 깊은 충고 한마디와 같다. 그가 들려주는 이야기는 과거의 일이지만 분명 그 속에는 앞으로 다가올 미래가 투영되어 있다. "호미로 막을 것을 가래로 막는다."라는 옛말처럼 과거의 역사 속에 투영되어 있는 미래를 제대로 읽지 못하고 지나갔을 때 어떤 일이 생길 수 있는지에 대한 경고로 받아들여야 하는 것이다.

더구나 요즈음은 온갖 방송매체와
인터넷, 스마트폰 등의 보급으로

계속
밀려드는
정보에
떠밀려

그야말로 방대한
정보의 바닷속에 파묻혀
살다보니

바로 눈앞에 당면한 것들에만
온통 신경을 쓰다가

정작
그 뒤에 놓인
더 큰 것을
보지 못하게 되는 거지.

과거 인류의 조상들은 사람의 노동(인력)과
가축의 힘(축력)을

동원하여 일을 했다.
(질서를 창출)

모든 왕들은
이들을 먹일 식량을 확보하기 위해

노심초사 .. 전전긍긍 ..

당시
땔감은
난방이나 취사용에
불과했고

어디를 가나 충분히
널려 있었다.

그와 같은 상황에
일대 변화가 일어나는데 . . .
1782년에 와트가 현대식
증기기관을 발명하고

이어
내연기관과 전기모터가
개발되면서

그동안
사람과 가축이 하던 모든 일들을

이제는 기계적 장비들이 대신하게 되었다.

그런데 이 녀석들이
이제는 식량 대신
땔감을 마구
먹어대기 시작했다.

그러다 보니 . .

이제는 모든 사람들이
이들을 먹일 땔감을
확보하기 위해

노심초사 . . 전전긍긍 . .

그런데도 서로 충돌하는 일은 그리 많지 않아.

여름이 되어 먹을거리가 많아지면 동물들의 행동 반경이 넓어지고 서로 남의 영역을 넘나드는 경우가 잦아지는 것을 관찰할 수 있지.

하지만 겨울이 오고 추위가 오래 지속되면 상황이 갑자기 달라지기 시작하지.

거의 모든 동물들 사이에 자신의 먹을거리를 확보하려는

격렬하고

치열한

영역 다툼이 일어나게 되지.

우리 인간 세상도
동물 세계와 크게
다르지 않아.

저 많은 것들을 유지하고
발전시키는 데 필요한 자원이
부족해지기 시작하면

부족해진
핵심적 자원을 사이에 두고

이해 당사자들 간에
갈등이 빚어지기 시작하고

심한 경우
극심한 다툼과 분쟁으로
이어지기도 하지.

2장

원유의 시대가
저문다

쉬운 원유의
시대는 끝나고 어려운 원유의 시대가 온다

1

        현재 우리들에게 없어서는 안 되는 가장 중요한 자연자원은 원유이다. 그래서 사람들은 과연 언제쯤 원유가 고갈되는가를 두고 끊임없이 논란을 계속하고 있다. 수십 년, 수백 년 후라는 의견도 있고, 심지어 상당 기간은 고갈되지 않을 것이라는 낙관적 견해도 팽배하다. 하나의 물질을 두고 사람들이 내놓는 예상 수치에 이렇게 큰 폭의 차이가 있는 것은 무언가 이상하다.

  내용을 자세히 들여다보면 몇 가지 문제가 있는 것을 알 수 있다. 그중 하나는 경제 규모가 커지면서 원유 소비량이 기하급수적으로 증가할 수 있다는 점을 적절하게 반영하지 않은 것이다. 최근에는 매년 평균 10% 대의 지속적 경제 성장을 계속해 온 중국이 전 세계 원유를 마치 쓸어 담듯 소비하고 있다. 또 하나의 문제는 이들이 '원유'라고 말할 때 실제로는 서로 다른 종류의 원유를 의미하는 경우가 있다는 것이다. 원유의 종류를 나누는 판단의 기준 자체가 다르다 보니 예상치가 다를 수밖에 없고 이를 접하는 우리도 매우 혼란스러워진다.

어떤 한 가지 물질을 질에 따라 구분할 때 가장 흔히 사용되는 기준은 순도이다. 하지만 원유는 기체, 액체, 고체에 이르기까지 수많은 종류의 탄화수소 분자들이 섞여 있는 혼합물이다 보니 지역에 따라 그 조성이 제각각이어서 순도라는 개념을 적용할 수 없다. 그래서 순도 대신 액체가 얼마나 잘 흐르는지를 나타내는 점성도viscosity를 기준으로 하여 비교적 색이 옅고 잘 흐르는 것을 '가벼운light 원유', 검고 끈적거리는 것을 '무거운heavy 원유'로 구분한다. 가벼운 원유에서 더 많은 휘발유를 얻을 수 있고, 채유와 정유도 쉽기 때문에 경제적 가치는 가벼울수록 더 크다. 경우에 따라서는 불순물 중의 하나인 황s의 함량을 기준으로 원유를 분류하기도 하는데, 황이 많아지면 정제가 어렵고 환경 기준에도 저촉되기 때문에 추가 비용이 들어가서 원유의 가치가 떨어진다. 하지만 점성도와 황의 함량만으로 원유의 경제적 가치를 제대로 따질 수는 없다. 그래서 흔히 북해산 브렌트유, 서부 텍사스 중질유, 중동산 두바이유 등 공급 지역의 이름으로 원유를 분류하기도 하는데, 이는 원유의 경제적 가치 자체를 기준으로 분류하는 가장 현실적인 방법이다.

원유는 소비자에게 들어오기까지의 모든 과정에서 에너지가 소비투자되는데, 우선 땅속의 유전을 찾아 시추공을 뚫는 데 에너지가 소비되며, 발견된 유전에서 원유를 뽑아낼 때도 에너지가 소비된다. 또 원유를 정제하여 등유, 경유, 휘발유와 같은 사용 가능한 상태로 분별하는 정유 과정에도 에너지가 소비된다. 물론 이를 보관하고 분배하는 데도 에너지가 소비된다. 따라서 원유가 원래 아무리 많은 에너지를 가지고 있다고 하더라도 이를 손에 넣는 과정에서 에너지의 대부분이 소비되어 버린다면 그 원유는 사실상 쓸모없는 자원이나 마찬가지라고 할 수 있다.

예를 들어 태평양 한가운데의 해저 지각 깊은 곳에 가볍고 황 함유량도 낮은 이제까지 알려진 가장 좋은 질의 원유가 묻혀 있다고 가정해 보자. 비록 원유 자체는 최고의 질을 자랑하지만 경제적 가치는 거의 없는 것이나 다름없다. 왜냐하면 그 깊은 곳에서 원유를 뽑아 올린다는 것은 현실적으로 거의 불가능하기 때문이다. 설사 이를 뽑아 올릴 수 있는 기술이 개발되었다고 하더라도 천문학적으로 비싼 비용이 소요된다면 여전히 경제적 가치는 거의 없다고 할 수 있다. 즉 질은 다소 떨어지더라도 그것을 손에 넣는 과정에서 에너지를 소비하지 않는 편이 경제적으로는 훨씬 가치가 크다. 따라서 원유를 손에 넣기 위해 투자된 에너지를 빼고 우리가 실제로 얻게 되는 에너지가 얼마나 되는지를 나타내는 순에너지의 크기가 원유의 가치를 따지는 보다 합리적인 방법이라고 할 수 있다.

원유 고갈과 관련된 논란 중에 일부 학자들은 "아직도 그대로 묻혀 있는 원유가 엄청나게 많다."라고 주장하기도 한다. 있는 그대로의 표현만 놓고 보면 그들의 주장은 사실이다. 전문적인 지식이 없는 사람이 얼핏 생각해도 지구 전체 표면의 30%가 육지이고 나머지 70%

는 바다이므로, 아직 손대지 않은, 보다 정확히 말하면 손대지 못한 지역이 70%나 남아 있는 것은 분명한 사실이다. 그 깊은 바닷속 어딘가에는 엄청나게 많은 원유가 묻혀 있을 것이 분명하다. 하지만 여기에 원유가 가지고 있는 순에너지의 양을 따져서 경제적 가치를 함께 고려하면 이야기는 완전히 달라진다. 그 엄청난 넓이의 바다 밑에 아무리 많고 좋은 원유가 매장되어 있어도 순에너지 면에서는 사실상 없는 것이나 다름없기 때문이다.

따라서 원유의 고갈 문제를 논할 때는 어떤 종류의 원유에 대해 말하고 있는 것인지를 사전에 명확히 할 필요가 있다. 이를 위해 이 글에서는 순에너지의 관점에서 원유를 대략적으로 분류하는 나름대로의 방법을 도입할 것이다. 원유를 손에 넣는 과정이 얼마나 어려운지에 따라 '쉬운 원유easy oil'와 '어려운 원유difficult oil'의 두 부류로 나누는 방식이다. 이러한 방식은 원유가 제공하는 대략적인 순에너지의 크기에 따라 나누는 것이기 때문에 그 기준이 다소 애매모호하기는 하지만 에너지 자원의 문제를 큰 틀에서 이해하는 데 상당히 유용하다.

그동안 우리가 알고 있는 대부분의 유전에서 생산해 온 원유는 '쉬운 원유'에 해당한다. '쉬운 원유'는 비교적 발견하기가 쉽고 시추를 하기에도 어렵지 않은 육지나 깊이가 얕은 연안 지역에 매장되어 있는 원유를 말한다. 이 원유는 탐사, 시추, 굴착, 그리고 채유 과정에 투자되는 에너지가 많지 않기 때문에 원래 원유가 가지고 있던 에너지의 상당 부분이 순에너지에 해당한다. 다시 말해 경제적 가치가 상대적으로 크다. 이 경우 얻게 되는 순에너지는 대략 투자된 에너지의 50배 정도 된다. 가격으로 치면 소위 '싼 원유cheap oil'가 바로 이 '쉬운 원유'에 해당한다.

이와는 대조적으로 깊은 바닷속 해저 암반 깊숙한 곳에 매장되어 있는 원유는 '어려운 원유'이다. 탐사하기도 까다롭고 구멍을 뚫기도 어려우며 원유를 계속 뽑아내는 과정도 위험해서 현재로서는 엄청난 에너지와 비용이 소요된다. 그러다 보니 이러한 원유의 순에너지는 작을 수밖에 없다. 원유를 얻더라도 '쉬운 원유'만큼 경제적 가치가 크지 않다. 따라서 당연히 가격이 비쌀 수밖에 없다.

또 다른 '어려운 원유'로는 유사oil sand층의 형태로 전 세계적으로 분포되어 있는 천연 아스팔트bitumen를 들 수 있다. 천연 아스팔트는 긴 세월 동안 퇴적토가 쌓이면서 땅속 깊은 곳으로 들어가 지금의 원유로 바뀌게 되는 일종의 원유가 되기 전 단계의 물질이다. 현재 세계 전체 '쉬운 원유'의 매장량보다 더 많은 양의 천연 아스팔트가 주로 캐나다와 베네수엘라의 짙은 삼림 아래 약 20~30미터 깊이의 유사층에 매장되어 있다.

문제는 이 천연 아스팔트는 오랜 시간이 지나 더 깊은 땅속으로 묻혀 들어간 후 높은 온도와 압력하에서 화학 반응을 거쳐야만 원유로 바뀐다는 사실이다. 이 때문에 천연 아스팔트를 원유로 바꾸어 사용하기 위해서는 땅속 깊은 곳에서 일어나야 할 화학 반응을 인위적으로 재현해야 한다. 그런데 이 공정에는 상당한 양의 추가 에너지가 들어가므로, 원래 가지고 있던 에너지를 거의 다 소비하게 된다. 따

'쉬운 원유'는 탐사, 시추, 채굴, 수송 등에 투자되는 에너지가 비교적 적기 때문에 우리가 실제로 손에 넣게 되는 순에너지가 커서 경제성이 크며 비교적 값이 싸다. 이와는 대조적으로 '어려운 원유'는 원유를 손에 넣는 과정에서 너무 많은 에너지를 투자해야 하기 때문에 순에너지가 크지 않아 당연히 값이 비쌀 수밖에 없다.

라서 천연 아스팔트의 순에너지는 바닷속 깊은 곳의 원유와 마찬가지로 그렇게 크지 않다. 순에너지가 투자된 에너지의 대략 5~10배밖에 되지 않는다.

또한 이 두 종류의 '어려운 원유'를 손에 넣는 과정은 환경 문제의 관점에서 보면 최악의 오염원 중 하나이다. 순에너지를 계산하는 과정에 환경오염에 따른 비용까지 더하면 이 둘의 경제적 가치는 현재로서는 마이너스나 다름없다. 그럼에도 불구하고 최근 세계적인 기업들이 이 두 종류의 '어려운 원유'를 얻기 위한 개발에 경쟁적으로 뛰어들고 있다. 손에 넣을 순에너지가 적은 데도 불구하고 기업들이 이를 캐내려고 필사적으로 달려드는 이유는 무엇일까? 어쩌면 우리 같은 평범한 사람들이 미처 보지 못하고 지나친 커다란 글자를 본 것은 아닐까?

기본적으로 에너지 자원을 수출하는 국가나 기업은 매장량에 관한 자료 제공을 꺼리는 데다 정확하지 않은 추정치들만 내놓기 일쑤이다. 더구나 이러한 추정치들조차도 많은 경우 정치 경제적인 목적을 위한 자의적인 해석과 온갖 미사여구로 포장되어 있다. 우리 같은 평범한 사람들은 이러한 자료를 과학적 자료로 여기지만, 실제로는 과학적 자료인 것처럼 보일 뿐 결코 객관적이지도 정확하지도 않다. 그래서 실제 자원의 매장량 상황이 어떠한지를 이해하려면 에너지 자원에 관련된 주요 이해 당사자들이 주변에서 어떤 행보를 보이고 있는지 눈여겨볼 필요가 있다. 주변에서 일어나고 있는 크고 작은 일들을 눈여겨보며 정황적인 증거들에 주목하다 보면 어느 순간 너무 커서 지나쳐 버렸던 커다란 글자들을 보게 된다. 과연 그들이 어떤 글자를 읽었는지를 우리도 짐작할 수 있게 되는 것이다.

원유 생산량
정점(Peak Oil)이
눈앞에 닥쳤다

지난 2008년 「내셔널 지오그래픽 National Geographic」 6월호에 짧지만 매우 중요한 내용의 기사가 실렸다. 몇 명의 에너지 자원 분석가들이 여러 경로를 통해 수집한 통계 자료들을 토대로 하여 컴퓨터 모의실험을 한 결과, 세계 전체 원유 생산량이 2015년에 정점에 이르게 될 것이라는 분석 결과를 내놓은 것이다. 그러나 많은 사람들이 이 짧은 기사의 내용이 무엇을 의미하는지 잘 모른 채 대수롭지 않게 넘겨버린 것처럼 보인다. 이미 2004년 6월에도 같은 맥락의 내용을 "값싼 원유의 시대는 끝났다 The End of Cheap Oil"라는 제목의 커버스토리로 게재한 바 있지만, 마찬가지로 그리 큰 반향을 일으키지는 못했다.

여기에서 말하는 '값싼 원유'란 소위 '쉬운 원유'를 말한다. 앞에서도 이야기했듯이 '쉬운 원유'는 땅속에 구멍을 뚫어 빨대 역할을 하는 파이프를 박아 비교적 힘들이지 않고 뽑아낸다. 또한 탐사와 굴착, 그리고 채유에 비교적 적은 에너지가 들어가기 때문에 원유가 원래 가지고 있던 에너지를 별로 축내지 않는다. 이를 두고 "원유의 순에너지가 크다."라고 표현하는데 이 에너지가 바로 경제 발전의 원동력이 된다. 따라서 원유 생산량이 정점에 이른다는 말은, 곧 이와 같은 '쉬운 원유'가 동난다는 것을 의미한다.

원유는 최소 수억 년이라는 긴 세월이 지나야 만들어지는 산물이다. 태양에너지가 축적된 동식물의 유기물과 여기에서 증식하는 미생물들의 사체가 한곳에 모여 쌓이게 되면 원유의 원재료가 만들어진다. 그 위를 퇴적토나 말라붙은 소금이 덮어 밀폐된 상태가 되면 유기물에서 서서히 산소가 빠져나가면서 소위 천연 아스팔트가 형성된다. 그리고 오랜 세월이 흐르는 동안 그 위에 지층이 차곡차곡 형성되어 깊은 땅속으로 묻혀 들어가면 마침내 원래 가지고 있던 산소를 모두 잃어버리고 탄화수소만 남은 원유가 된다.

이 과정에서 원유는 퇴적토가 땅속에서 굳어져 만들어진 암반층 사이의 빈 공간에 모이거나 암석의 갈라진 틈과 틈 사이로 스며들어가게 된다. 그러다 보니 처음 유전에 파이프를 박았을 때는 쉽게 원유를 뽑아 올릴 수 있었던 것이 시간이 가면 갈수록 틈 사이에 끼여 있는 원유를 빼내야 하므로, 점점 뽑아 올리기가 어려워진다. 그 결과 채유 과정에 소비되는 에너지가 점차 증가하면서 원유가 우리에게 제공하는 순에너지의 크기는 줄어들게 된다. 마치 종이 팩 속의 음료

수를 빨아먹을 때 처음에는 입만 갖다 대도 나오던 것이 막판에는 요란한 소리를 내며 있는 힘껏 빨아들여야 나오는 것과 같은 원리이다.

이렇게 원유의 매장량이 줄어드는 과정에서 주목해야 할 것은 원래 '쉬운 원유'이던 것이 시간이 지나면서 점점 '어려운 원유'로 바뀌어 간다는 사실이다. 과연 어느 시점을 기준으로 '쉬운 원유'가 '어려운 원유'가 되었다고 봐야 하는지 다소 애매하지만, 일반적으로 원유에 대한 수요가 증가하는 데도 불구하고 어떤 유전의 원유 생산량이 확연히 감소 국면으로 들어갔을 때를 해당 시점으로 본다. 즉 원유 생산량에 대한 그래프를 그렸을 때 점점 올라가던 곡선이 정점에 도달한 후 방향을 돌려 내려가기 시작하는 시점이다. 이를 '피크 오일 peak oil'이라고 하며 '정점 peak에 도달했다.'라고도 말한다. 바로 이 피크 오일의 정점을 기점으로 '쉬운 원유'가 동이 나고 '어려운 원유'만 남았다고 보면 된다.

피크 오일은 석유 회사인 '쉘 Shell'에 근무하고 있던 미국의 지질학자 킹 허버트 King Hubbert 박사가 1956년 미국의 원유 자원 고갈 시나리오에 대한 수학적 모델을 제시하면서 처음으로 사용한 개념이다. 원유의 생산량 그래프는 올라갔다가 내려오는 엎어 놓은 종과 같은 모양의 곡선을 그리는데, 곡선의 정점에 도달하고 나면 원유는 에너지 자원으로서의 가치를 급격하게 상실하기 시작한다는 이론이다. 허버트 박사는 자신의 이론적 계산을 근거로 하여 1970년대 중반이 되면 미국의 국내 원유 자원이 피크에 도달하게 된다는 비관적인 예측을 내놓았다. 그러자 당시 에너지 자원의 미래에 대해 낙관하던 미국 정부와 대중들은 허버트 박사의 이론에 모진 비난을 쏟아냈다. 하지만 그의 이론은 OPEC의 원유 수출 중단으로 촉발된 1973년 1차 오일쇼크를 계기로 현실이 되어 눈앞에 닥쳐왔다. 그의 예측대로 미국의 국내 원유 생산량은 1970년을 기점으로 급격한 감소세로 돌아섰고 미국은 원유 공급의 대부분을 중동에서 수입해야만 했다. 미국은 국내에 가지고 있던 '쉬운 원유'가 전부 동이 나고 사실상 '어려운 원유'만 남겨 놓고 있었던 것이다.

이어 1974년에 허버트 박사는 전 세계의 원유 자원이 1995년이 지나면 정점에 도달하게 된다는 또 하나의 충격적인 예측을 내놓았다. 이때 허버트 박사는 "이것은 새로운 기술 도입이나 경제 상황 변화로 다소 수정될 수 있다."라는 전제를 달았다. 이후 여러 전문가들이 이러한 전제를 고려하여 그의 수학적 모델을 다듬은 후 새로 수정된 결과를 제시했는데 그것이 바로 2008년 「내셔널 지오그래픽」지의 기사로 발표된 예측치였던 것이다.

세계 원유 자원이 생산량 정점에 도달한다고 해서 원유가 고갈되었다는 것을 의미하는 것은 아니다. 실제로 아직도 엄청나게 많은 양의 원유가 남아 있다. 하지만 남아 있는 원유는 더 이상 '쉬운 원유'가 아니다. 에너지의 관점에서 원유 생산량이 정점에 도달했다는 것은 이제부터는 원유가 원래 가지고 있던 에너지를 원유를 손에 넣는 과정에서 대부분 써 버리게 된다는 것을 의미한다. 그렇게 되면 사회 전반적으로 넘쳐 나던 잉여 에너지가 큰 폭으로 줄어들게 되고 이는 곧 경제 성장의 원동력을 잃어버리는 결과로 이어진다.

원유 생산량의 정점은 지속적 경제 성장이 언제까지 계속될 수 있을지를 결정하는 실질적인 상한선이나 다름없다. 제아무리 좋은 지도자, 그럴듯한 정책, 고도의 기술, 충분한 자본 등이 있어도 충분한 잉여 에너지를 확보하지 못하면 그 사회는 지속적 경제 성장이 어려워진다. 마치 연료가 떨어져서 최첨단 사양을 갖춘 고급 스포츠카 여러 대를 그냥 세워놓는 것과 같은 상황을 맞게 되는 것이다.

따라서 세계가 머지않아 원유 생산량 정점에 도달한다는 것은 우리의 일상적인 경제 활동에 일대 변화가 오면서 예상하지 못했던 위기 상황에 직면할 수도 있다는 것을 의미한다. 이렇게 되면 매년 수 퍼

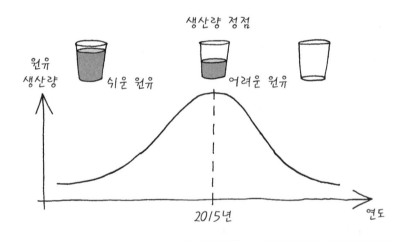

피크 오일, 즉 원유 생산량 정점이란 원유에 대한 수요는 증가하는데 생산량은 오히려 감소하기 시작하는 시점으로 그래프의 최고 정점을 말한다. 수요가 늘어나는 데도 생산이 줄어든다는 것은 원유를 손에 넣기까지 투자해야 하는 에너지가 늘어나면서 원유가 제공하는 순에너지가 급격히 줄어들기 시작했다는 것을 의미한다. 이 시점이 바로 '쉬운 원유'가 '어려운 원유'로 돌아서는 분기점이다. 이때부터 원유는 실질적인 고갈 상태에 들어가기 시작했다고 봐야 한다.

센트의 지속적인 성장을 계속해 왔던 경제 규모는 갑자기 제자리를 맴돌거나 심지어는 마이너스 성장으로 갈 수도 있다. 끝없이 지속될 것이라고 여겨왔던 경제 성장 패러다임에 대한 믿음이 뿌리에서부터 흔들리고, 결국 이것은 사회적 불안 요인으로 자리 잡게 될 것이다. 국가나 개인이나 원유에 대한 의존도가 높으면 높을수록 이러한 시나리오에 내맡겨지기 쉽다. 가까운 미래에 원유를 대신할 에너지 자원을 확보하지 못한다는 것은 이와 같은 갑작스러운 경제적 충격에 무방비로 노출되는 것이나 다름없다.

이제 2015년은 그야말로 코앞에 다가와 있다. 어쩌면 지금 바로 원유 생산량의 정점에 와 있는지도 모른다. 하지만 1970년대 초 1차 오일쇼크를 앞두고 미국에서도 그랬던 것처럼 아직도 일부 전문가들과 정치학자, 경제학자들은 원유 생산량의 정점이 인류 전체의 심각한 위기 국면을 가져올 수도 있다는 가능성을 낮게 보고 있다. 심지어 원유 생산량 정점 자체에 대해서도 "실제로 그때가 되어야 믿겠다." 라는 식의 의구심을 표하기도 한다.

물론 허버트 박사의 예측은 어디까지나 이론적 모델이기 때문에 이번에는 잘못된 예측을 한 것일 수도 있다. 하지만 에너지 자원과 관련하여 최근 우리 주변에서 진행되고 있는 몇 가지 주목할 만한 사례를 보면 우리가 현재 원유 생산량 정점을 지나고 있다는 상당히 확실한 심증을 갖게 된다. 그 대표적인 사례가 합성 원유 개발, 심해 유전 개발, 그리고 셰일가스와 셰일오일의 개발이다.

천연 아스팔트에서
합성 원유를
짜내다

        천연 아스팔트와 깊은 바다 밑의 심해 원유, 그리고 점토층 바위의 좁은 틈바구니에 끼여 있는 셰일오일은 손에 넣기까지 투자해야 하는 에너지가 너무 많아 경제적 가치가 그다지 크지 않은 에너지 자원에 속한다. 소위 '어려운 원유'이다.

  점도가 높아서 끈적끈적한 천연 아스팔트는 그 위에 퇴적되는 모래와 섞여 뒤범벅이 된 상태로 발견된다. 그래서 이를 '오일 샌드oil sand'라고도 부른다. 천연 아스팔트는 거의 지표에 노출되다시피 얕은 곳에 묻혀 있는데, 이를 함유한 모래층인 유사층은 많은 양의 낙엽, 동물의 분비물, 여기에 대량으로 증식하는 미생물과 같이 풍부한 유기물이 생성되는 우거진 삼림 지역의 땅 밑에 집중되어 있다. 그곳이 바로 적도를 따라 열대우림이 우거져 있는 베네수엘라와 북위 60

도 선을 따라 온대삼림이 펼쳐진 캐나다이다. 이 두 나라가 가지고 있는 천연 아스팔트는 현재 전 세계 원유쉬운 원유 매장량보다 더 많다.

하지만 문제는 천연 아스팔트가 아직은 원유가 아니라는 점이다. 원유로 만들기 위해서는 먼저 매장되어 있는 천연 아스팔트를 채굴해야 하는데, 이때 그 위를 덮고 있던 나무들을 걷어내는 과정에서 지구의 허파나 다름없는 방대한 넓이의 삼림을 훼손해야만 한다. 더구나 땅에서 파낸 아스팔트에서 원유를 얻는 공정에는 많은 양의 에너지가 추가로 소비된다. 일단 모래와 아스팔트를 분리하는 1차 공정에 사용되는 뜨거운 물을 가열하기 위해 많은 양의 천연가스가 소비된다. 그리고 이 과정에서 버려지는 오염된 물과 모래는 상상을 초월

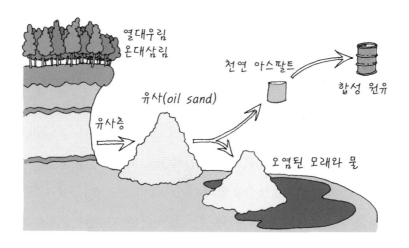

적도를 따라 분포된 열대우림과 북위 60도 선을 따라 분포된 온대삼림 아래의 유사층에는 많은 양의 천연 아스팔트가 매장되어 있다. 이 유사층에서 분리해 낸 천연 아스팔트로부터 합성 원유를 생산하는 과정에서 방대한 면적의 산림이 훼손되고 막대한 양의 이산화탄소가 배출될 뿐만 아니라 인근의 물과 토양이 회복이 불가능할 정도로 심각하게 오염된다.

하는 규모의 환경오염을 유발한다. 뜨거운 물을 사용하는 1차 공정에서 모래로부터 분리된 아스팔트는 다시 깊은 땅속의 높은 압력과 온도 조건을 재현해 주는 2차 공정을 거쳐야 한다. 이때 100기압의 압력과 섭씨 500도의 온도 조건을 유지하기 위해 더 많은 천연가스가 사용된다. 이러한 에너지 소모적이고 환경 파괴적인 공정들을 거치면 2톤의 유사로부터 겨우 1배럴의 원유가 얻어지는데, 이를 '합성 원유'라고 한다.

합성 원유는 이를 얻는 과정에서 천연가스의 형태로 투자된 에너지의 5배에 해당하는 순에너지를 갖게 된다. 얼핏 들으면 상당한 양의 순에너지를 얻는 것처럼 보이지만 결코 그렇지 않다. 소위 '쉬운 원유'의 경우 투자된 에너지 대비 50배 정도의 순에너지를 얻는데, 이에 비하면 매우 적은 양에 불과하다. 채굴과 분리 과정에서의 환경 파괴로 인한 피해와 복원 비용까지 고려하면 사실상 경제적 가치는 마이너스라고 할 수 있다. 이러한 사실에도 불구하고 미국은 지난 수년간 전체 원유 수입량의 10%를 캐나다의 천연 아스팔트에서 얻은 합성 원유로 채웠다. 그로 인해 캐나다의 앨버타 지역에는 오일머니가 쏟아져 들어오면서 지역 경제가 살아났다. 하지만 대규모로 진행된 환경오염으로 인해 몸살을 앓는 희비가 교차하고 있다.

미국과 캐나다가 여론의 따가운 질책을 무시한 채 그동안 거들떠보지도 않던 천연 아스팔트에 적극적으로 손을 대기 시작한 이유는 무엇일까? 미국 정부에서 표면적으로 내세우는 논리는 캐나다는 오일머니로 인해 경제가 살아나고 미국은 중동 원유에 대한 의존율을 낮추는 정치적 목적을 달성하기 때문에 서로가 윈―윈할 수 있는 정책이라는 것이다.

그러나 정치 경제적 논리 뒤에 가려져 잘 보이지 않는 더 중요한 이유는 원유 생산량 정점 때문이라는 것을 간과하지 말아야 한다. 아주 가까운 미래에 인류가 사용해 왔던 '쉬운 원유'가 동이 나면서 더 이상 원유에서 순에너지를 많이 얻을 수 없게 될 것이라는 정책적인 판단이 배경에 깔려 있음을 엿볼 수 있다.

유전 개발은
계속 더 깊은 바다로
내몰린다

4

지난 2010년 4월 20일, 미국 뉴올리언스 인근 해안에서 약 100여 킬로미터 떨어진 멕시코 만에 떠 있던 거대한 시추선 '딥워터 호라이즌Deepwater Horizon'에서 폭발 사고가 발생했다. '딥워터 호라이즌'호는 2000년에 우리나라의 현대 조선소에서 제작한 축구장 한 개 크기의 5만 톤급 초대형 시추선이다. 이 사고로 현장에서 11명의 기술자가 사망하고 수많은 부상자가 속출했다. 사흘 동안 지속된 화재 끝에 시추선이 내려앉았는데, 이때 시추선에서 끊어져 나온 시추공으로부터 이후 3개월에 걸쳐 약 500만 배럴의 원유가 쏟아져 나와 멕시코 만을 크게 오염시켰다. 이는 한반도보다 더 넓은 면적의 해역에 해당한다. 당시 유출된 원유는 최악의 유조선 사고로 알려져 있던 1989년 알래스카 연안의 '엑손 발데즈'호에서 유출된 원유의 무려 20배에 달하는 엄청난 양이었다. 파괴된 시추공을 완전히 메워서 쏟아져 나오는 원유를 멈추는 데만도 무려 5개월이라는 긴 시간과 천문학적인 비용이 소요되었다. 또 대부분의 원유가 바닷속 깊은 곳을 덮으면서 주변 해양 생태계가 얼마나 파괴되었는지는 수년이 지나야 겨우 파악될 것으로 추정되고 있다.

'딥워터 호라이전'의 경우 수심 3,000미터의 깊은 바다 위에서 구멍을 뚫어 들어가기 시작하여 해저 암반을 뚫고 다시 5,000미터의 깊이까지 들어간 상태에서 사고가 발생했다. 원유를 얻기 위해 총 8,000미터라는 어마어마한 깊이까지 대략 남산에서 김포공항까지의 직선거리 구멍을 뚫어 들어가고 있었던 것이다. 바닷물의 엄청난 수압과 공중에 떠 있는 것이나 다름없는 상태에서의 어려운 굴착 작업으로 인해 대형 사고는 이미 예견된 것이나 마찬가지였다.

1970년대 이후 이와 유사한 대형 시추선에서의 원유 유출 사고가 십여 차례 일어났는데, 그 규모는 과거 유조선 사고 때와는 비교도 안 될 정도로 매우 컸다. 예를 들면 1979년 멕시코 만의 유전을 개발하던 '익스토크-1ixtoc-1'이라는 대형 시추선 폭발 사고로 유출된 원유는 '엑손 발데즈'호에서 유출된 양의 10배를 훨씬 넘는 양이었다.

그렇다면 최근 들어 왜 이와 같은 대형 시추선에서의 원유 유출 사고가 빈번하게 일어나는 것일까? 그것은 바로 과거에는 손도 대지 못했던 깊은 바다 밑의 유전을 개발하려는 '심해 유전 개발offshore drilling'이 본격적으로 시작되었기 때문이다. 바다 밑 유전에 대한 개발은 1960년대부터 시작되었는데, 처음에는 주로 육지에서 가깝고 비교적 수심이 얕은 연안 바다를 중심으로 이루어졌다. 영국과 노르웨이 사이에 위치한 북해가 대표적인 예이다. 멕시코 만에 접한 미국 연안 지역의 예를 보면 1960년에 이미 루이지애나 주의 뉴올리언스에서 텍사스 주의 휴스턴까지 이어지는 500여 킬로미터의 해안선을 따라 400여 개의 시추공에서 연 8,000만 배럴에 해당하는 원유와 천연가스를 뽑아냈다. 불과 40년이 지난 2001년에는 시추공이 7,000여 개로 늘어났고 뽑아내는 원유와 천연가스 양도 무려 연 14억 배럴로 증가했다. 연안 지역 에너지 자원의 채굴량이 그야말로 기하급수적으로 증가한 것이다. 그런데 뽑아낼 자원이 점차 줄어들면서 시추공은 자연히 더 깊은 바다로 내몰리기 시작했다. 2000년대에 들어와 연안 얕은 바다에서의 원유 개발은 급격한 감소세로 돌아섰다. 그리고 이를 대신하여 1990년대 말부터 심해 유전 개발이 활발해지기 시작했다.

탐사와 굴착 과정에 들어가는 비용과 에너지도 과거와는 비교도 안될 정도로 커졌다. 과거 수심이 얕은 연안 지역에서 사용되던 시추선이 작은 집 한 채 정도의 크기였던데 반해 현재 심해 유전 개발에 사용되는 시추선은 그 크기가 커다란 빌딩과 맞먹을 정도로 크며, 점점더 커지는 추세이다. 또 과거 달에 사람을 보냈던 아폴로 프로젝트보다 더 어려운 고도의 기술이 필요하고 더 많은 에너지와 비용이 소요된다. 현재 진행되고 있는 수준의 개발에는 '심해' 라는 이름이 붙어 있지만 전문가들 사이에서는 '초심해' 라고 일컬어진다.

인류는 지구 표면의 30%를 덮고 있는 육지 위에는 더 이상 파이프를 박을 곳을 남겨 두지 않았다. 이제는 연안 지역의 얕은 바다도 예

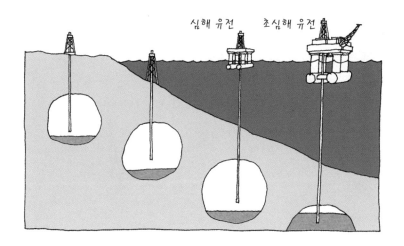

심해 유전   초심해 유전

육지에서 뽑아내던 '쉬운 원유'가 동이 나면서 유전 개발은 바다로 내몰리고 있다. 비교적 수심이 얕은 연안 지역의 유전은 이제 더 이상 추가로 개발할 곳이 거의 없다고 해도 과언이 아니다. 결국 심해 유전과 초심해 유전 개발이 시작되었고 그와 함께 유전 개발과 관련된 사고의 빈도와 규모도 덩달아 증가하고 있다. 결국 그로 인해 야기되는 모든 비용은 원유의 순에너지를 깎아 먹는 요인이 되고 있다.

외가 아니다. 남은 장소는 나머지 70%에 해당하는 깊은 바다뿐인데, 문제는 깊은 바다에서 원유를 뽑아내기 위해서는 엄청난 에너지를 투자해야 할 뿐만 아니라 대형 환경 사고의 위험에도 항상 노출되어 있다는 것이다. 따라서 천연 아스팔트와 마찬가지로 심해 유전에서 뽑아 올린 원유의 순에너지는 작을 수밖에 없다.

　이와 같이 엄청난 투자 비용과 환경 재앙의 위험을 무릅쓰고 그 깊은 곳까지 손을 대기 시작한 이유는 무엇일까? 이것은 육지에서 뽑아 올린 원유에서 더 이상 예전과 같이 많은 순에너지를 얻을 수 없는 상황이 되었음을 의미한다. 이는 '쉬운 원유'가 동이 나고 '어려운 원유'만 남았다는 사실을 반증하는 정황적 증거 중 하나이다.

천연가스를 억지로 긁어내다시피 하고 있다

5

원유와 석탄은 한곳에 모인 많은 양의 유기물로부터 만들어진다. 깊은 땅속의 높은 압력과 온도 조건하에서 긴 세월에 걸쳐 유기물로부터 산소가 빠져나가면 탄소와 수소만 남게 되는데, 이것이 바로 석탄과 원유이다. 이때 만들어지는 수많은 종류의 탄화수소 분자들 중에는 작고 가벼워서 기체 상태로 존재하는 것들도 있는데 이를 천연가스라고 한다. 그러다 보니 원유나 석탄이 매장되어 있는 지역에는 기체 상태의 천연가스도 함께 존재할 확률이 높다.

천연가스는 분자량이 작은 몇 가지 다른 종류의 탄화수소가 섞여 있는 기체 혼합물이다. 대부분이 가장 가벼운 메테인으로 이루어져 있고 여기에 상당량의 에테인과 소량의 프로페인 그리고 뷰테인이 섞여 있다. 이를 연료나 원재료로 사용하려면 메테인만 남기고 나머지를 제거하는 공정을 거쳐야 한다. 불순물을 제거하고 순수한 메테인만 남겨 각 가정에 공급하는 것이 바로 우리가 매일 사용하는 도시가스, 즉 액화천연가스LNG, Liquified Natural Gas이다.

불순물을 제거하는 과정에서 투자되는 비용을 따지면 대부분 지역에서 나오는 천연가스는 그 경제적 가치가 그리 크지 않다. 그나마 매장된 양이 많고 불순물의 양이 비교적 적으며 뽑아 올리기도 용이한 경우에는 경제적 효용성을 갖게 되는데, 현재 이러한 유용한 형태의 가스는 대부분 러시아와 중동 페르시아 만 인근에 집중적으로 매장되어 있다.

원유는 액체 상태의 물질이다 보니 오랜 세월에 걸쳐 지층 사이를 이동하다가 천장 모양으로 불룩하게 휘어 올라간 곳에 모이는 경향이 있다. 그 과정에서 원유와 함께 만들어졌던 천연가스도 한데 모이기 마련이다. 따라서 원유가 다량 분포하는 지역에서 발견되는 천연가스는 한곳에 모여 있어서 뽑아내기도 쉽고 매장량도 많아서 경제성이 크다. 반면 고체인 석탄이 매장된 지역에서 발견되는 천연가스는 '셰일가스shale gas'라고도 하는데 진흙이 굳어서 형성된 이암shale이라는 퇴적암 층의 작은 틈 사이에 끼어 있는 경우가 많아서 한곳에 많은 양이 모여 있지도 않을 뿐만 아니라 뽑아 올리기도 쉽지 않다. 따라서 당연히 경제적 가치가 지극히 작을 수밖에 없다. 그럼에도 불구하고 석탄층이 전 세계적으로 워낙 광범위하게 분포되어 있다 보니 셰일가스의 전체 매장량은 러시아와 중동 지역의 천연가스 매장량을 합친 것보다 더 많다.

미국 펜실베이니아 주의 애팔래치아 산맥 인근에는 양질의 석탄이 다량 매장되어 있는 것으로 잘 알려져 있다. 일찍이 1900년대 초부터 이곳을 중심으로 제철 산업이 발달했던 것도 용광로를 가열하기 위한 석탄이 풍부했기 때문이었다. 이곳에서 생산된 석탄은 미국이 제1차 세계 대전을 승리로 이끄는 데 중요한 역할을 했으며, 이후 경제 발전을 견인한 주요 에너지 자원이 되었다.

하지만 제2차 세계 대전을 기점으로 주된 에너지 자원이 석탄에서 원유로 옮겨 갔고 1970년대 들어와 우리나라의 포항제철소와 같은 해외 제철 산업이 부상하면서 이 지역 용광로의 불도 꺼지고 생산되는 석탄의 양도 크게 줄어들었다. 한때 수많은 광산과 제철소가 검은 재와 연기를 여기저기 흩뿌리던 펜실베이니아 주는 다시 과거의 목가적인 모습으로 돌아갔다. 마치 우리나라의 석탄 주생산지였던 태백에서 일어난 일과 흡사하다. 산등성이 곳곳에는 목장과 옥수수 밭이 펼쳐지고 곳곳의 작은 계곡들은 깨끗한 물과 어우러져 전형적인 전원 풍경을 되찾았다. 아직도 몇 군데 남아 있는 광산에서는 상당한 양의 석탄이 채굴되어 화력 발전소에서 전기를 생산하는 데 사용되고 있지만 과거에 비하면 매우 적은 양에 불과하다.

그런데 최근 들어 이곳이 다시 세간의 주목을 받기 시작했다. 경제성이 없어서 과거에는 거들떠보지도 않았던 땅 밑의 셰일가스를 뽑아내기 위해 에너지 회사에서 보낸 수많은 장비와 인부들이 조용하던 시골 마을에 북적거리기 시작한 것이다. 이들이 가스를 뽑아내기 위해 적용한 기술은 아직 그 안전성이나 환경적 영향이 검증되지 않은 새로운 방법이다. 땅속 깊이 구멍을 파고 지하에서 그 끝에 장착한 폭약을 터뜨려 주변의 이암층을 산산조각으로 깨뜨린 후 그 틈 사이로 화학물질을 잔뜩 녹인 물을 부어 넣어 끼여 있던 가스를 강제로 빼내는 방법이다.

그런데 시간이 지나면서 이 새로운 공법으로 인해 주변 환경이 심각하게 오염되고 있다는 사실이 드러나기 시작했다. 마치 샌드오일에 손대기 시작하면서 캐나다 앨버타 지역에서 벌어졌던 극심한 환

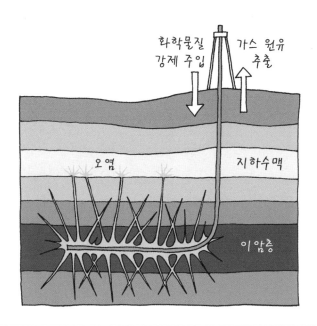

그림은 이암층의 갈라진 틈 속에 끼여 있는 가스나 원유를 강제로 빼내기 위해 사용되는 'fracking'이라는 새로운 채굴 기술의 원리를 보여 준다. 시추공 속으로 삽입한 폭발물을 터뜨려 이암층을 무너뜨리고 그 속에 강력한 화학물질을 주입하여 가스나 원유를 강제로 뽑아낸다. 그 과정에서 근처를 지나가던 지하수맥으로 화학물질이 유입되면서 인근 지역의 지하수와 토양이 심각하게 오염된다.

경오염과 똑같은 상황이 미국 펜실베이니아 주에서도 그대로 재현된 것이다. 경제 상황이 안 좋은 상황에서 가스머니가 쏟아져 들어오면서 지역 경제가 살아나기 시작했지만, 다른 한편에서는 수자원과 토양이 오염되면서 목축업과 농업이 큰 타격을 입게 되었다. 지역을 등지고 떠나는 농민들까지 속출하면서 이제는 에너지 회사에 땅을 임대해 주었던 지역 주민들까지도 개발 중단을 외치고 있다. 특히 지하수자원의 오염이 심각한 수준이어서 의회에서 가스 개발을 잠정적으로 중단할 것을 권고하는 결의안이 채택되기도 했다. 그러나 셰일가스 개발은 온갖 반대를 무릅쓰고 그대로 강행되었다.

펜실베이니아와 미국 북서부의 석탄 매장지를 따라 분포하고 있는 셰일가스의 총 매장량은 미국이 2년 동안 사용할 수 있는 에너지에 해당한다. 한 해 에너지의 10%를 천연가스로 충당한다고 가정하면 20년 동안 사용할 수 있는 양이다. 물론 현재의 에너지 소비량을 기준으로 했기 때문에 향후 경제 성장으로 인한 소비량 증가가 없을 것이라고 가정한 예측이다. 사실상 이것은 그렇게 많은 양의 에너지 자원은 아니다. 그럼에도 불구하고 환경 파괴와 정치적 반대를 무릅쓰며 그동안 관심을 두지도 않았던 셰일가스에 굳이 손을 대기 시작한 이유는 무엇일까? 최근 미국 다코타 지역에서는 점토층의 바위 사이에 끼어 있어서 여간해서 뽑아내기 쉽지 않은 셰일오일도 셰일가스를 긁어내는 것과 동일한 방법으로 채취하기 시작했다.

순에너지도 얼마 되지 않고 경제성도 떨어지는 천연 아스팔트, 심해의 원유, 셰일가스, 셰일오일 등 과거에는 거들떠보지도 않았던 에너지 자원들이 왜 갑자기 주목을 끌기 시작했을까? 작은 퍼즐들을 부분적으로 맞추어 나가다 보면 어느 순간 전체의 큰 그림이 보이는 것처럼 지금 세계 곳곳에서는 에너지를 얻을 수 있는 자원이라면 그것이 무엇이 되었건 마다하지 않고 덤벼드는 일들이 일어나고 있다. 현재의 경제성도 따지지 않고 채굴 과정에서 빚어지는 부작용도 마다하지 않으며 심지어 정치적 타격까지도 감수하는 행태를 보이고 있는 것이다. 우리는 그러한 행보를 강행하고 있는 나라들의 정책 입안자들이 얼마나 절실하고 필사적인지를 잘 읽어야 한다. 이것은 바로 눈앞에 닥친 원유 생산량 정점을 심각한 위기로 받아들이고 있음을 강하게 시사하고 있기 때문이다.

대체 에너지로서의
원자력은
극약처방이다

6

　　2010년 멕시코 만에서 발생한 '딥워터 호라이즌' 호의 초대형 원유 유출 사고는 인류의 에너지 자원 역사에 일대 획을 긋는 중요한 사건이라고 할 수 있다. 깊은 바닷속에는 아직도 충분한 양의 원유가 남아 있을 것이라는 핑크빛 전망이 얼마나 근거 없는 것인지를 일깨워 주었기 때문이다.

　　그런데 지난 2011년 3월 11일, 또 하나의 획을 긋는 중요한 사건이 일어났다. 일본 동북부를 덮친 초대형 쓰나미로 후쿠시마에 있는 원자력 발전소의 원자로들이 잇따라 파괴되면서 최악의 방사능 누출 사고가 발생한 것이다. 이 사고로 인근 지역의 토양과 물이 심하게 오염되었고 인근 해역에 엄청난 양의 방사능 물질이 배출되면서 사실상 일본 동북부 지역이 거의 마비되어 버렸다.

지난 1989년 4월에도 구소련의 우크라이나에서 체르노빌 원자력 발전소의 원자로가 녹아내리는 대형 사고가 있었다. 체르노빌 인근 지역은 20여 년이 지난 오늘날에도 방사능에 심하게 오염된 채 사람이 살 수 없는 상태 그대로 남아 있다. 당시만 해도 사람들은 구소련의 낮은 기술 수준과 폐쇄적이고 전근대적인 관리 체계로 인한 사고라고 생각하여 다시는 이러한 사고가 일어나지 않을 것이라고 생각했다. 하지만 최고의 기술과 철저한 관리를 자랑해 온 일본에서 방사능 누출 사고가 일어나자 사람들은 할 말을 잃었다.

원유 생산량 정점을 예측했던 허버트 박사는 "전 세계 원유 매장량이 정점에 도달하게 되면, 현재 이를 대신할 수 있는 에너지 자원은 원자력밖에 없다."라는 의견도 함께 내놓은 바 있다. 원유의 시대가 가고 원자력의 시대가 온다고 내다본 것이다. 지구를 살아있는 일종의 초생명체라고 주장한 『가이아GAIA』의 저자 제임스 러브록James Lovelock 박사도 2004년 「The Independent」지 기고문을 통해 지구온난화로 인한 인류의 재앙을 경고하면서 이를 피하기 위한 극약처방으로 원자력으로의 적극적인 에너지 정책 전환을 권고했다. 이때까지만 해도 원유 고갈과 지구온난화의 재앙에서 적어도 탈출구는 있는 것처럼 보였다. 하지만 후쿠시마 원전 사고는 원자력으로의 전환이 결코 원유를 대신할 이상적인 대안이 될 수 없다는 사실을 일깨워 주면서 사람들의 낙관적인 전망을 여지없이 무너뜨려 버렸다.

오늘날 인류의 눈앞에 닥친 다급한 문제는 먹구름처럼 다가오는 지구온난화의 재앙이라기보다는 현재의 경제 규모를 그대로 유지할 적당한 에너지 대안이 없다는 사실이다. 태양력, 풍력, 수력, 조력, 지열, 바이오 연료, 수소 연료 등과 같은 다양한 에너지 자원들을 활용하려는 노력이 활발하게 일어나고 있지만, 이들을 다 합쳐도 전 세계가 소비하는 하루 8,000만 배럴의 원유에 해당하는 에너지를 대신하기에는 턱없이 모자란다.

많은 나라들이 이러한 현실을 잘 알고 있기 때문에 이미 국가 에너지의 상당 부분을 원자력으로 충당하고 있다. 세계에서 원전 의존율이 가장 높은 프랑스는 60여 개의 원자로를 가동하면서 국가 에너지의 70%를 원자력에 의존하고 있으며, 프랑스 다음으로 원전 의존율이 높은 우리나라도 20여 개의 원자로를 가동하며 국가 에너지의 35%를 원자력으로 충당하고 있다. 방사능 누출 사고가 일어난 일본은 국가 에너지의 28%를 원자력에 의존하고 있었는데, 이번 후쿠시마 방사능 누출 사고로 큰 타격을 입어 에너지 부족 사태를 빚고 있다. 그 외에도 미국이 19%, 러시아가 16%, 영국이 15%의 국가 에너지를 원자력에 의존하면서 수많은 원자로를 가동 중에 있다.

여기서 에너지 산업에 대한 중국과 독일의 향후 행보에 주목할 필요가 있다. 두 나라의 원전 건설 계획이 후쿠시마 원전 사고를 계기로 정반대 방향으로 나아가고 있기 때문이다. 독일은 후쿠시마 원전 사고로 원자력 사용에 대한 반감이 고조되자 그동안 추진해 왔던 원전 건설 계획을 전면 백지화하고 재생가능에너지의 사용을 더욱 확대하겠다고 선언했다. 이와 달리 중국은 후쿠시마 원전 사고의 경고에도 불구하고 그동안 진행 중이었거나 앞으로 계획 중인 원전 건설을 그대로 강행할 것을 천명했다. 매년 10%에 육박하는 지속적인 경제 성장으로 인해 기하급수적으로 늘어난 에너지 수요를 감당하기 위해 전 세계의 에너지 자원을 마치 블랙홀처럼 끌어 모으던 중국으로서는 어쩔 수 없는 선택을 한 것으로 보인다.

문제는 중국의 원전 건설이 너무 급속도로 진행되고 있다는 점이다. 중국은 이미 13개의 원자로를 가동 중인데, 여기에 28개의 새로운 원자로에 대한 건설 계획을 동시 다발적으로 실행에 옮기고 있다. 전문가들은 이렇게 단기간에 여러 대의 원자로를 동시 다발적으로 건설하는 것에 대해 추후 높은 원전 사고 가능성을 우려하고 있다. 대부분의 전문가들은 후쿠시마 방사능 유출 사고도 쓰나미라는 자연재해로 촉발되었지만 이를 예방하거나 대처하는 과정에서 상당한 인재의 성격이 내포되었다고 보고 있다. 따라서 유사한 사고의 재현을 방지하려면 상당한 경험과 지식을 쌓은 다수의 전문가들이 있어야 하고, 주도면밀한 제도적 정비가 함께 이루어져야 한다. 그런데 현재 중국에서 진행되고 있는 원자로의 건설 추이를 볼 때 충분한 안전 대책 확립을 기대하기 어렵다는 것이다.

1970년대 심해 유전 개발이 본격화되면서 시추선에서의 대형 원유 유출 사고가 빈번하게 이어지고 그 규모도 점점 커져 마침내 2010년의 '딥워터 호라이전' 사고로 이어진 것처럼, 원전 사고에서도 이러한 위험이 나타날 날이 머지않은 것은 아닐까 우려된다

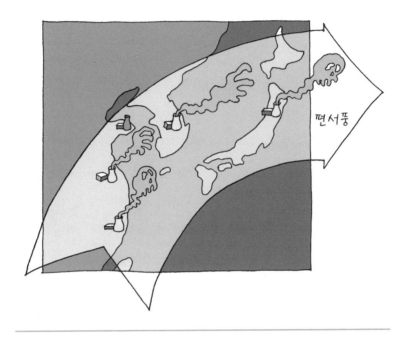

편서풍

우리나라에는 일 년 내내 중국에서 편서풍이 불어온다. 한반도 인근 지역에서 방사능 유출 사고가 발생할 경우 인접 국가에 어떤 영향을 미치게 되는지가 바로 이 편서풍에 의해 결정된다. 따라서 편서풍이 시작되는 위치에 있는 중국의 영향이 가장 클 수밖에 없다.

더욱 우려되는 것은 중국에서 건설 중인 20여 개의 원자로가 우리나라와 접한 황해 연안 지역을 따라 자리 잡게 된다는 사실이다. 일년 내내 서해안을 넘어 중국에서 강한 편서풍이 불어오는 우리나라로서는 이를 심각하게 받아들이지 않을 수 없다. 일본 후쿠시마 원전 사고의 경우 방사능 물질 대부분이 중국에서 불어오는 편서풍을 타고 우리나라의 반대 방향인 태평양으로 날아가 버려 다행히 우리나라에는 피해가 없었다. 그러나 만약 똑같은 사고가 중국 연안에서 일어났다면 대부분의 방사능 물질이 편서풍을 타고 좁은 서해안을 넘어 우리나라 전역을 오염시켰을 것이 불을 보듯 뻔하다.

이와 같은 시나리오는 이미 1989년 체르노빌 원전 사고에서도 나타났었다. 체르노빌 원자로에서 대기로 방출된 방사능 물질의 거의 70%가 그 지역의 바람을 타고 우크라이나에 인접한 벨라루스 공화국으로 날아가 벨라루스 전 국토의 5분의 1을 사용 불가능한 상태로 심각하게 오염시켰던 것이다.

체르노빌과 후쿠시마에서 발생한 것과 같은 대형 방사능 유출 사고가 앞으로 또 일어날 확률은 사실상 100%라고 해도 과언이 아니다. '쉬운 원유'를 다 써 버린 인류가 이를 대신하여 원자력을 주요 에너지 자원으로 삼는다면 그러한 사고는 이미 예약해 놓은 것이나 다름없다. 설사 안전 관리에 최대한의 역량을 집중하여 그러한 사고를 모두 피해간다고 하더라도 원자력을 주요 에너지 자원으로 삼는 데에는 또 하나의 더 큰 문제가 도사리고 있다. 바로 핵 연료를 사용하고 난 후 남는 방사성 폐기물이다.

미국은 1980년대 후반부터 방사성 폐기물을 거의 영구적으로 보관할 수 있는 대규모 지하시설을 건설하기 위해 네바다 주 유카 산에 터널을 뚫기 시작했다. 그러나 이후 네바다 주민들의 심한 반대와 법적 소송에 휘말리면서 20여 년을 질질 끌다가 지난 2011년에 최종적으로 공사가 영구 중단되었다. 결국 미국은 120여 기가 넘는 발전용 원자로와 군사용 원자로에서 나오는 고준위 방사성 폐기물의 대부분을 원자로가 있는 현장에 그대로 보관하고 있다. 우리나라도 마찬가지이다. 지난 1990년대 굴업도에 고준위 방사성 폐기장을 건설하려던 계획이 사전 조사 부실과 주민 반대로 무산되었고, 지금은 경주에 중저준위 방사성 폐기장만 들어서 있다. 갈 곳이 없어진 고준위 방사성 폐기물은 미국과 마찬가지로 모두 원자력 발전소 현장에 보관되어 있으며, 이것도 2020년이 되기 전에 포화 상태에 이를 것으로 추정된다.

어떤 연료이건 사용하고 나면 폐기물이 남는다. 그런데 핵 연료를 사용하고 남는 폐기물은 화석연료에서와는 달리 아주 독특한 속성이 있다. 화석연료를 태우면 이산화탄소와 각종 고체 폐기물이 남는데 이들은 모두 자연으로 되돌아간다. 대기로 방출된 이산화탄소는 식물의 광합성 작용으로 다시 유기물로 되돌아가고 타고 남은 재와 무기물들도 전부 표토의 일부가 되어 생태계로 돌아간다. 이와 같이 화석연료를 태우고 남는 폐기물은 단기적으로는 지구온난화와 같은 환경 문제를 야기하지만 오랜 세월이 흐르면 결국에는 자연에서 모두 재활용되어 안전하게 처리된다. 물론 오늘날과 같이 화석연료를 지나치게 많이 사용하는 경우에는 그 순환에 문제가 생겨 지구 환경에 돌이킬 수 없는 피해를 주기도 한다.

하지만 핵 연료를 태우고 남는 폐기물은 화석연료의 경우와는 달리 모두 방사성 물질이라는 데 문제가 있다. 방사성 폐기물은 살아있는 생명체에 치명적인 영향을 주기 때문에 그 어떤 과정을 거쳐도 자연으로 되돌아갈 수 없다. 따라서 남은 에너지를 열과 방사능으로 모두 방출할 때까지 적어도 수천 년 동안 생태계와 차단된 상태로 보관해야만 한다. 오늘날 우리가 불가피하게 남겨놓은 유산은 미래의 인류에게 그야말로 심각한 골칫거리가 아닐 수 없다.

　이러한 여러 가지 이유로 세계 각국에서는 원전 건설을 반대하는 서명 운동과 시위가 끊이지 않고 있다. 어쩌면 이것은 지극히 정당하고 이성적인 것이라고 할 수 있다. 그럼에도 불구하고 이들이 간과하고 있는 중요한 사실이 있다. 이제 우리 인류에게 남아 있는 '쉬운 원유'의 양이 얼마 되지 않는다는 것이다. 지금까지의 지속적 성장을 유지하기 위해서는 원자력 이외의 마땅한 대안이 없다는 것이 냉엄한 현실이다. 하루 8,000만 배럴, 일 년 120억 배럴에 해당하는 '쉬운 원유'가 인류에게 제공해 주던 순에너지의 양은 원자력을 제외하면 현재 우리가 가진 모든 에너지 자원을 총동원하더라도 결코 대신할 수 없는 어마어마한 양에 해당한다.

　현실을 직시하고 나면, 아직 마땅한 대체 에너지를 확보하지 못한 상태에서 우리가 선택할 수 있는 길은 그렇게 많지 않다. 연료를 적게 쓰기 위해 자동차의 속도를 줄이던지, 아니면 지금의 속도를 그대로 유지하기 위해 원자력 의존도를 더욱 높이게 될 것이 확실해 보인다. 그런데 고준위 방사성 폐기물의 수용 한도가 가까워지고 있는 데다 지금까지 가동하던 원자로마저 한계 수명에 다다르고 있는 시점에서 원자력 에너지의 비중을 높인다는 것은 현실적이지 않다. 그렇다고 자동차의 속도를 줄이는 것도 흔쾌히 받아들이기 어렵다. 이것은 경제가 급격한 마이너스 성장으로 돌아선다는 것을 의미하기 때문이다. 하지만 우리가 그것을 받아들일 것인지의 의사와는 전혀 무관하게 그저 시간이 지나면 등 떠밀리듯 에너지 자원이 부족해지는 시대로 걸어 들어가게 되어 있다. 그것도 믿기 어려울 정도로 가까운 미래에 말이다.

그렇다면 남은 방법은 오직 하나뿐이다. 아주 조금의 연료라도 그로부터 최대한의 에너지를 쥐어짜낼 방법을 모색하는 것이다. 소위 에너지 사용 효율을 최대로 높이는 것이다. 이를 위해서는 우선적으로 에너지의 속성을 잘 이해할 필요가 있다. 또한 어떤 방식으로 에너지를 활용해야 효율을 높일 수 있을지에 대한 이론적 배경에도 관심을 가져야 한다.

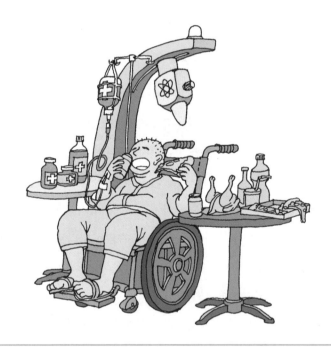

현재 인류는 에너지 과잉 섭취로 온갖 성인병에 걸린 환자와 같다. 가만히 앉아서 온갖 쾌락에만 탐닉한 채 이것저것 닥치는 대로 먹어치우는 생활습관을 고치지 않는다면 온갖 지독한 약품과 방사능 치료에 기대어 간신히 생명을 유지할 수밖에 없는 운명에 처하게 될 지도 모른다.

그렇다고 이것만으로 문제가 해결되는 것은 아니다. 이러한 배경 지식을 토대로 하여 사람들의 사고방식이 바뀌고, 그 결과 에너지의 실제 최종 소비자인 사람들의 행동 양식이 바뀌어 시스템 자체가 지속가능한 방향으로 바뀌어야만 비로소 에너지 문제가 해결되기 시작한다. 다시 말해 에너지 문제 해결을 위한 실마리는 다름 아닌 우리 평범한 대중의 의식 구조와 행동 양식에서 찾아야 한다.

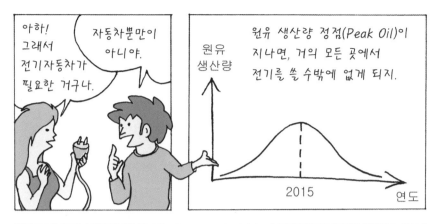

3장

열역학을 알면
에너지가 보인다

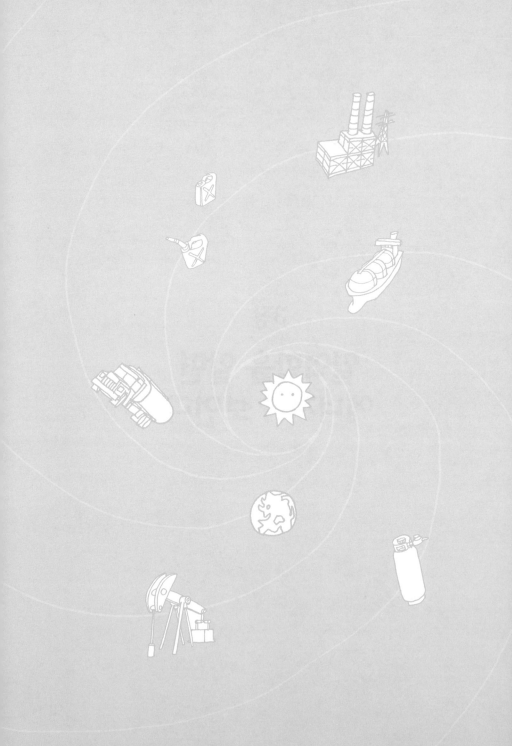

에너지는 결코
무한한 자원이
아니다

1

현대인의 주요 에너지 자원인 원유가 부족해서 모든 주유소가 문을 닫았다고 상상해 보자. 당장 우리 주위의 모든 탈 것들이 멈추어 서게 될 것이다. 또 그 여파로 며칠간 정전이 되었다고 가정해 보자. 전등, 휴대전화, 컴퓨터, 텔레비전, 선풍기, 냉장고, 엘리베이터, 자동차 등 우리 주변의 모든 것들이 멈추어 설 것이다. 에너지 없이는 모두 무용지물인 것이다.

이와 같이 우리는 살아가는 데 있어 끊임없이 에너지를 필요로 하고 에너지 없는 세상은 감히 상상조차 할 수 없다. 그렇다 보니 우리의 잠재의식 속에는 에너지원을 충분히 확보하려는 욕구가 생존본능이 되어 자리 잡고 있다. 그리고 이러한 본능은 에너지원을 구입할 수 있는 돈을 손에 쥐려는 욕구로 이어지고, 이것이 곧 경제 활동으로 표출된다. 결국 경제 활동이라는 것도 에너지를 놓고 벌이는 한판 게임이나 다름없다.

"그렇다면 도대체 왜 그 많은 에너지를 필요로 하는 것일까? 에너지가 하는 역할은 무엇일까? 왜 에너지를 끊임없이 공급받아야만 하는 걸까? 에너지를 공급받지 못하면 어떤 일이 일어날까? 최소한의 에너지로 최대의 효과를 얻으려면 어떻게 해야 할까?"

우리는 에너지를 움켜쥐려는 경쟁에서 어떤 노력도 마다하지 않는다. 하지만 정작 에너지와 관련된 이러한 단순하고도 근본적인 질문에는 말문이 막혀 버리기 일쑤이다. 주변에 끌어다 쓸 수 있는 에너지 자원이 충분하다면 굳이 이러한 질문에 개의치 않아도 좋다. 그냥 돈을 많이 벌어서 그 구매력으로 어디에서 얼마만큼의 에너지 자원을 끌어다 쓸 것인지만 고민하면 된다. 하지만 전체 가용 에너지 자원이 절대적으로 부족해지기 시작하면 상황은 완전히 달라진다. "자신에게 허용된 제한된 양의 에너지 자원을 어떻게 하면 최대한 효율적으로 활용할 것인가?" 하는 문제가 생존을 좌우하는 중요한 이슈로 떠오르게 된다. 그리고 이러한 근본적인 질문들에 대한 답이 중요한 의미를 지니게 될 것이다.

이제 인류는 부족해지기 시작하는 자원을 두고 이를 어떻게 사용하는 것이 최선인지를 고민하게 될 것이다. 마치 갱도에 갇힌 광부가 자신에게 얼마 남지 않은 조금의 식량을 두고 어떻게 먹어야 더 오래 버틸 수 있을지를 고민하는 것과 같다. 물론 당면한 최선의 방법은 자신에게 남겨진 조금의 식량을 최대한 아껴 먹는 것이리라. 하지만 그것만으로는 충분한 해결책이 되지 못한다. 내가 왜 음식을 섭취해야만 하는지의 이유를 알고 있다면 또 다른 방법이 떠오르게 된다. 바로 에너지를 낭비하는 요인들을 최대한 억제함으로써 조금의 음식만으로 버티는 것이다. 당신이라면 어떻게 하겠는가? 아마도 현명한 광부라면 자신의 몸을 감싸서 체온 손실을 최대한 막고 반드시 해야 할 유용한 일만 하고 불필요한 행동을 줄이는 나름대로의 대응책을 생각해 낼 것이다.

마찬가지로 우리도 우리 사회가 왜 에너지를 필요로 하며 어떤 방식으로 에너지를 사용하고 있는지 정확하게 이해할 필요가 있다. 그래야만 엉뚱한 곳에 에너지를 쓰는 일을 최대한 피할 수 있을 뿐만 아니라 단순히 쓰지 않고 아끼는 소극적인 방법에서 끝나지 않고 여러 다양하고 현명한 방법들을 생각해 내어 실천에 옮기게 될 것이다.

앞으로 인류는 얼마 남지 않은 제한된 양의 자연자원을 어떻게 하면 최대한 효율적으로 사용할 것인지를 놓고 깊이 고민하게 될 것이다. 특히 생산량 정점을 지나고 있는 주요 에너지 자원에 대한 효율적인 관리 여부는 미래 인류의 생존을 좌우할 가장 중요한 요인이 될 것이 분명하다. 따라서 에너지의 속성에 관련된 기본적인 과학 지식은 모든 대중에게 일반적인 상식 수준으로 받아들여질 필요가 있다.

우주의 엔트로피는
계속 증가하고
있다

2

우리가 에너지를 어디에 쓰며 왜 계속 공급 받아야 하는지를 정확하게 이해하려면 '엔트로피entropy'라는 개념을 제대로 알아야 한다. 우리가 에너지를 필요로 하는 근본적인 이유가 바로 이 엔트로피 값을 낮추려는 데 있기 때문이다.

엔트로피는 그 값이 크면 클수록 더 무질서한 상태를 나타낸다. 예를 들어 가지런히 포개 놓은 한 세트의 카드는 질서정연한 모습을 하고 있으므로 엔트로피가 매우 낮은 상태에 해당한다. 이 카드를 마구 바닥에 흩뿌려 놓아 무질서하게 만들어 버리면 엔트로피가 높은 상태가 된다. 흩어져 있는 쓰레기들, 다 무너져 내려 엉망이 되어 버린 폐허, 여기저기 널브러져 있는 잡동사니들은 모두 엔트로피가 극도로 높아져 있는 상태를 보여 주는 것이다. '바닥에 떨어져 산산조각

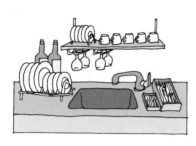

물건들이 각자 제자리에 가지런히 놓여 있을 경우의 수는 1이지만 모든 것들이 원래의 자리를 벗어나 아무렇게나 널브러져 있을 경우의 수는 무수히 많다. 엔트로피라는 함수는 경우의 수에 비례하므로 경우의 수가 커지면 엔트로피 값도 증가한다. 따라서 엔트로피 값이 크면 클수록 더 무질서한 상태를 의미한다. 뒤죽박죽으로 어지럽혀져 있던 부엌을 깔끔하게 정리하는 것은 엔트로피를 낮추어 '질서'를 창출하는 행위이다.

으로 부서진 유리컵'을 엔트로피의 개념으로 표현하면 "유리컵의 엔트로피 값이 큰 폭으로 증가했다."가 된다.

엔트로피는 수학적으로 '경우의 수'에 관련된 함수이다. 경우의 수에 로그를 취한 값에 비례한다. 무질서한 상태가 되면서 경우의 수가 늘어나면 엔트로피 값이 증가한다. 한 교실에 10개의 책상이 있다고 하자. 이름표가 붙은 지정된 좌석에 한 명의 학생을 앉히는 경우의 수는 1이다. 만약 아무 좌석에나 마음대로 앉을 수 있다면 경우의 수는 10으로 늘어나고 엔트로피 값도 커진다.

이번에는 10명의 학생들을 앉히는 경우를 생각해 보자. 이름표가 붙은 자기 좌석에만 앉아야 한다면 경우의 수는 여전히 1이다. 그러나 만약 제멋대로 앉아도 된다면 경우의 수는 무려 $3,628,800 = 10 \times 9 \times 8 \times 7 \times 6 \times 5 \times 4 \times 3 \times 2 \times 1$으로 크게 늘어난다. 경우의 수가 늘어났으므로 엔트로피 값도 그만큼 큰 값이 된다. 굳이 경우의 수나 엔트로피 값을 정확한 수치로 계산하지 않더라도, 10명의 학생들이 왁자지껄 제멋대로 앉아 있는 교실의 모습을 상상하면 쉽게 '무질서'를 떠올릴 수 있다. 이것은 한정된 크기의 공간을 차지하는 점유자의 수가 늘어나면 점점 무질서한 상태가 되면서 엔트로피 값도 증가한다는 것을 보여 준다.

이번에는 학생 수는 그대로 둔 채 공간의 크기만 늘리는 경우를 생각해 보자. 앞에서 예로 들었던 10명의 학생들을 이번에는 10개의 두 배인 20개의 책상이 놓인 더 큰 교실로 옮겨 보자. 크기가 두 배로 늘어난 교실에 놓인 20개의 책상에 10명의 학생들을 제멋대로 앉게 하는 경우의 수는 무려 $670,440,000,000 = 20 \times 19 \times 18 \times 17 \times 16 \times 15 \times 14 \times 13 \times 12 \times 11$이다. 학생 수는 그대로 둔 채 단순히 교실의 크기만 늘렸음에도 그 속의 상태는 놀라울 정도로 더욱 무질서해진다는 사실을 알 수 있다.

이처럼 공간의 크기가 늘어나면서 엔트로피가 높아지는 현상으로는 확장, 폭발, 팽창 등이 있는데, 대표적인 예가 바로 팽창하는 우주이다. 우리의 눈에는 밤하늘의 별들이 제자리에 그대로 있는 것처럼 보이지만 실제로 별들은 매우 빠른 속도로 우리에게서 멀어져 가고 있다. 또 멀리 있는 별일수록 더 빨리 멀어져 간다. 다만, 별들이 우리의 시선을 따라 뒤로 멀어져 가고 있어 별들이 움직이고 있다는 사실을 미처 눈치채지 못하고 있을 뿐이다. 이처럼 우주가 팽창하고 있다는 사실은 곧 우주의 엔트로피 값이 계속 증가하면서 점점 더 무질서한 상태로 가고 있다는 것을 의미한다.

열역학 제2법칙은 우주의 이러한 속성을 다음과 같이 천명하고 있다.

열역학 제2법칙: 우주의 엔트로피는 계속 증가하고 있다.

이것은 "우주는 계속 무질서해지고 있다."라는 의미와 같다. 우주의 모든 것들은 제아무리 발버둥을 쳐도 결국 높은 엔트로피 값을 갖는 무질서한 상태가 되는 운명을 타고 났다. 이는 시간이 흐름에 따라 이 세상이 어떤 방향으로 변해 가는지를 이미 결정해 버린 것과 같다. 그렇다고 해서 모든 것들이 그저 무기력하게 무질서를 향해 휩쓸려 가기만 하는 것은 아니다. 무질서해져만 가는 세상 속에서도 비록 잠시뿐이지만 끊임없이 '질서'가 창출된다. 태어나고_{생명}, 자라며 _{성장}, 보다 발전된 모습으로 바뀌어 간다_{진화}. 그러나 질서를 창출한다는 것은 무질서를 향해 움직이는 우주의 거대한 흐름을 거슬러 올라가는 것이어서 결코 쉽게 저절로 실현되지 않는다. 질서를 창출하려면 반드시 대가를 치르게 되는데, 그것이 바로 에너지이다. 그래서 우리는 자신에게 기꺼이 에너지를 내어줄 희생양을 찾게 된다.

그러나 그것도 잠시뿐, 팽창하는 우주의 무질서를 향한 거대한 흐름은 에너지를 소진하기가 무섭게 쌓아놓았던 질서정연한 모습들을 순식간에 다시 휩쓸어 가버린다. 시간이 흐르면 생명이 있는 모든 것들은 숨을 멈춘 채 스러지며_{죽음}, 강한 모습도 잠시뿐 모두가 약하고 보잘것없어지고_{쇠락}, 결국 흐트러지고 피폐한 모습으로 뒷걸음질을 친다_{퇴화}. 활기찬 사람들, 아름다운 집들, 깔끔하게 정돈된 도시, 그리고 그 모든 것들을 가능하게 해 준 고도의 과학기술마저도 에너지가 부족해지면 기다렸다는 듯이 먼지처럼 흩어져 없어지기 시작한다. 무질서를 향해 묵묵히 쓸어가는 이 거대한 우주의 흐름을 도대체 누가 거역할 수 있다는 말인가!

결국 '질서'란 쌓았는가 싶으면 이내 무너져 내리는 모래성과 같다. 에너지를 소비하며 주변 것들을 쌓아 올리느라 무진 애를 쓰지만 팽창하는 우주는 모든 것들을 무너뜨려 버리며 무질서하게 만든다. 마치 열역학 제2법칙은 팽창하는 우주를 묘사했다기보다는 우리 자신의 모습을 적나라하게 묘사하고 있는 것처럼 느껴진다. 쌓고 무너지기를 반복하는 이 세상과 끊임없이 씨름하는 우리의 모습은 마치 현존하는 시지포스를 보는 것 같다.

에너지는
두 얼굴을
가지고 있다

3

        우리는 무질서를 향하는 우주의 흐름에 격렬하게 저항하며 살아가고 있다. 곧 무너질 것을 알면서도 기를 쓰며 질서를 창출하고 있는 것이다. 이러한 질서를 창출하기 위해서는 에너지가 필요하다. 그래서 우리는 거의 본능적으로 에너지가 매우 중요하다는 것을 안다. 하지만 막상 에너지가 무엇인지 정확하게 정의하려면 망설여진다. 질량과 부피를 갖는 물질과는 달리 에너지는 손으로 만져지지도 않고 무게로 가늠할 수도 없기 때문이다. 에너지는 천의 얼굴을 가진 듯이 어느 때는 귀를 째는 듯한 천둥소리로 다가오고, 또 어느 때는 마른 들판에 불을 댕기는 번갯불로 번쩍이는가 하면, 나뭇가지를 꺾으며 휘젓고 지나가는 바람이 되기도 한다. 우리에게 매우 친숙한 것 같으면서도 정작 그 실체를 정확하게 묘사하기 힘든 것이 바로 에너지이다.

모든 물질은 그 속에 나름대로의 잠재되어 있는 에너지를 가지고 있는데, 이를 '내부에너지'라고 하며 에너지 energy의 앞 글자를 따서 E라고 표기한다. 하지만 아무것도 하지 않은 채 가만히 있으면 어떤 물질이 얼마만큼의 에너지를 가지고 있는지 전혀 알 수 없다. 에너지는 물질세계에서 일어나는 '변화'를 통해서만 그 모습을 드러내기 때문이다. 그것도 그 '변화량 ΔE'에 해당하는 만큼만 자신을 보여 준다. 그래서 우리는 에너지의 존재를 물질세계에서 일어나는 변화를 보고서야 비로소 간접적으로 알게 된다.

그런데 에너지가 물질세계를 변화시키며 그 실체를 드러낼 때는 단순히 한 가지 모습으로만 나타나지 않는다. 여러 개의 머리를 가진

모든 물질은 나름대로의 내부에너지를 가지고 있다. 이 내부에너지가 원래 있던 물질에서 다른 물질로 건너가려고 밖으로 나올 때 비로소 자신을 겉으로 드러내는데, 이때 '열'과 '일'이라는 두 가지 다른 모습으로 나타나게 된다. 똑같은 양의 내부에너지라도 얼마만큼이 열로 나오고, 얼마만큼이 일을 하느냐에 따라 겉으로 드러나는 양상은 사뭇 달라진다.

히드라나 아홉 개의 꼬리를 가진 구미호처럼 에너지는 여러 가지 다른 모습으로 자신을 드러낸다. 뜨거워지고열, 빛을 발산하며열, 소리를 내는가 하면일, 마구 흔들어 대기도 한다일. 게다가 에너지는 자기가 원래 기거하던 물질을 떠나 다른 물질로 자리를 옮겨간다. 다른 물질로 건너간 에너지가 다시 아무것도 하지 않고 가만히 있으면 언제 그런 일이 있었냐는 듯 물질세계는 다시 잠잠해진다.

이처럼 에너지가 한 물질에서 다른 물질로 건너가면서 자신의 모습을 겉으로 드러내는 양상을 면밀히 관찰해 보면, 에너지는 크게 두 가지 다른 방식으로 주변 물질세계를 변화시킨다는 것을 알 수 있다. 그것은 바로 '열' 과 '일' 이다. 열역학에서는 이를 다음과 같은 짧은 수식으로 나타낸다.

$$\Delta E = 열 + 일$$

위 식은 "에너지는 줄거나 늘어나는 과정에서 그 변화량에 해당하는 만큼의 열과 일로 전환되어 사용된다."라는 것을 의미한다. 예를 들어 장작을 태운다고 생각해 보자. 장작을 태우면 뜨거운 '열' 을 방출하는 동시에 많은 양의 기체가 발생하여 주변 공기를 밀어 제치며 '일' 을 한다. 공기의 움직임이 눈에 보이지 않기 때문에 기체가 팽창하면서 일을 했다는 사실이 선뜻 받아들여지지 않을지도 모른다. 다이너마이트를 예로 들면 쉽게 이해할 수 있다. 다이너마이트는 반응속도가 매우 빨라 기체가 급속하게 팽창하면서 결국 폭발을 일으킨다. 즉 많은 '열'이 방출되면서 화염에 휩싸이는 동시에 팽창하는 기체가 '일'을 하면서 주변 사물들을 넘어뜨리고 깨부수며 날려버리는 것이다. 이것은 장작이나 다이너마이트가 가지고 있던 내부에너지가 열과 일이라는 두 가지 다른 방식으로 주변 물질세계를 변화시킨 것이다.

우리가 에너지를 필요로 하는 궁극적인 이유는 엔트로피를 낮추어 질서를 창출하려는 데 있다. 그런데 다 타버린 장작이 남겨 놓은 재와 공기 중으로 흩어져 버린 연기, 그리고 다이너마이트가 터진 후의 엉망으로 변해 버린 광경은 질서와는 사뭇 거리가 멀다. 이처럼 물질이 가지고 있던 내부에너지가 그 모습을 열과 일의 형태로 드러내는 것을 자연 그대로 방치하면 엔트로피가 높아지면서 무질서해지는 결과가 빚어진다.

그렇다면 도대체 어떻게 해야 에너지를 엔트로피를 낮추는 방향으로 활용할 수 있을까?

질서를 창출할 수 있는
'유용한 일'은 거저 얻어지지 않는다

4

　　　에너지를 엔트로피를 낮추면서 질서를 창출하는 방식으로 유용하게 활용하려면 먼저 열과 일의 기본 속성을 이해해야 한다. 얼음에 열을 가하면 물이 되어 흘러내린다. 그리고 여기에 계속 열을 가하면 물은 이내 수증기가 되어 공중에 제멋대로 날아다니며 극도의 무질서한 상태가 된다. 이처럼 물질이 열을 받으면 무질서한 상태가 되는 것은 물질을 이루고 있는 입자들의 운동에너지가 높아지면서 입자들의 움직임이 활발해지기 때문이다. 이와 같이 열은 원래 엔트로피를 높여 무질서하게 만드는 속성을 가지고 있다.

　　항상 엔트로피를 높이는 열과 달리, 일은 경우에 따라 엔트로피를 높이기도 하고, 낮추기도 한다. 일이 엔트로피를 높여 무질서하게 만

들어 놓는 경우는 사실상 열과 다를 바가 없기 때문에 '쓸모없는 일' 이라고 해도 무방하다. 반대로 엔트로피를 낮추어 질서정연한 상태를 실현하는 데 활용할 수 있는 일을 열역학에서는 '유용한 일useful work' 이라고 한다. 중요한 것은 이 '유용한 일' 을 통해서만 엔트로피를 낮추고 질서를 창출하는 것이 가능하다는 사실이다. 따라서 우리가 필요로 하는 것은 그냥 일이 아니라 바로 '유용한 일' 이다.

'유용한 일' 은 결코 거저 주어지지 않는다. 따라서 에너지원으로부터 '유용한 일' 을 얻으려면 에너지가 열과 일로 자신의 모습을 드러낼 때 중간에 이들을 잡아 들여 '유용한 일' 로 바꾸어 주는 기계적 변환 장치를 사용해야만 한다. 마구 날뛰는 성난 야생마도 잘 길들이면 사람을 태우고 수레를 끄는 유용한 교통수단으로 삼을 수 있는 것처럼 열과 일도 인위적인 방법으로 붙들어 매어 잘 길들이면 엔트로피

물질 속에 잠재되어 있던 내부에너지는 밖으로 나오면서 열과 일의 형태로 발산되는데, 이 과정을 자연 그대로 두면 주변이 무질서하게 변해 버린다. 마치 사납게 날뛰는 야생마처럼 말이다. 질서를 창출하려면 열과 일에 재갈을 물려 우리가 원하는 방향으로 고삐를 끌어 당겨 '유용한 일' 로 전환해야만 한다. 야생마를 길들여 유용한 목적을 위해 활용하는 것과 같은 원리이다.

를 낮추면서 질서를 창출하는 데 활용할 수 있다. 마치 야생마를 길들이기 위해 말에게 재갈과 고삐를 채우는 것과 같은 원리이다. 그래서 열역학에서는 '유용한 일'을 기계적 메커니즘을 통해 얻는다고 하여 '기계적 일mechanical work'이라고도 한다.

사실 인간이나 동물들도 알고 보면 에너지를 '유용한 일'로 바꾸어주는 에너지 변환 장치나 다름없다. 음식으로부터 얻은 열을 뼈와 근육의 기계적 메커니즘을 통해 '유용한 일'로 변환하고 이를 질서를 창출하면서 엔트로피를 낮추는 데 활용하기 때문이다. 소비된 에너지는 열과 '쓸모없는 일'로 그 모습을 드러내지만 질서는 오로지 '유용한 일'을 통해서만 실현되고 '유용한 일'은 반드시 기계적 메커니즘을 거쳐야만 얻을 수 있다.

인류는 이와 같은 열역학의 기본 원리를 19세기 말에 들어와서야

에너지원에서 나오는 열과 일을 '유용한 일'로 변환하는 기계적 메커니즘의 가장 간단한 예로 로켓과 피스톤을 들 수 있다. 로켓과 피스톤은 연료를 태울 때 사방으로 발생하는 열과 압력을 한쪽 방향의 추진력이나 직선 운동으로 전환해 주는 일종의 에너지 변환 장치이다.

증기기관은 열과 일에 재갈을 물려 '유용한 일'로 바꾸어 주는 일종의 에너지 변환 장치이다. 사람도 증기기관과 마찬가지로 음식에서 뽑아낸 에너지를 기계적 메커니즘을 통해 '유용한 일'로 바꾸어 주는 변환 장치라고 할 수 있다. 에너지원으로부터 에너지를 뽑아내어 '유용한 일'로 활용하고 나면 뒤에는 원래 가지고 있던 에너지를 다 잃어버려 쓸모 없어진 쓰레기가 남는다.

비로소 깨닫게 된다. 18세기까지만 해도 에너지원에서 '유용한 일'을 뽑아낼 수 있는 기계적 변환 장치는 가축과 인간뿐이었다. 인력으로 밭을 갈고 길을 닦았으며 돌을 깎아 건물을 쌓아 올렸다. 이들에게 '유용한 일'을 뽑아낼 수 있는 에너지 자원은 오로지 사람과 가축이 소비하는 식량뿐이었다. 장작은 열을 얻기 위한 난방이나 취사용에 불과했고 이때 나오는 열은 질서를 창출하는 데 전혀 도움이 되지 않았다.

이와 같은 상황은 산업혁명을 계기로 새로운 국면을 맞게 된다. 기계적 장치를 통해 장작을 태울 때 나오는 열을 이용하여 '유용한 일'을 하면서 질서를 창출할 수 있게 된 것이다. 에너지원으로부터 '유용한 일'을 얻기 위해 인류가 사용한 최초의 기계적 변환 장치는 바로 증기기관이었다. 석탄을 태우면 원래 가지고 있던 에너지의 대부분이 열로 나오게 된다. 열은 엔트로피를 높이는 속성을 가지고 있어서 결과적으로 무질서를 초래한다. 따라서 석탄이 가진 에너지를 열의 형태로 사용하는 것은 사실상 낭비나 다름없다. 증기기관은 이처럼 쓸모없이 버려지던 열을 기계적 메커니즘을 통해 '유용한 일'로 바꾸어 주는 일종의 에너지 변환 장치였다. 증기기관이 급격한 경제 발전을 이끌면서 산업혁명을 촉발하게 된 근본 이유가 바로 여기에 있다. 에너지의 관점에서 보면 이것은 그야말로 인류 역사에 한 획을 긋는 놀라운 사건이었다.

이후 산업혁명에 따른 경제 발달과 함께 석탄을 사용했던 증기기관에 이어 석유를 사용하는 내연기관과 전기를 사용하는 모터 등 다양한 에너지 변환 장치들이 개발되어 사용되기 시작했다. 마침내 인류라는 작은 배가 무질서를 향해 유유히 밀고 내려가는 우주의 흐름을 힘차게 거슬러 올라가며 질서를 창출할 강력한 엔진을 손에 넣게 된 것이다.

다름 아닌 당신이
엔진의 방향타를
쥐고 있다

5

'에너지 보존 법칙'이라고도 일컬어지는 열역학 제1법칙은 다음과 같은 사실을 천명하고 있다.

열역학 제1법칙: 우주 전체 에너지의 크기에는 변함이 없다.

이것은 에너지가 수시로 한 물질에서 다른 물질로 건너다니지만 그렇다고 해서 그 과정에서 에너지가 소멸되어 없어지거나 새롭게 생성되는 것은 결코 아니라는 의미이다. 이처럼 우주 전체의 에너지는 변하지 않고 보존된다. 그렇다고 해서 세상의 모습까지 그대로 보존되는 것은 결코 아니다. 에너지가 한 물질에서 다른 물질로 건너갈 때 이들을 이리저리 움직여 놓기 때문에 더 이상 세상의 모습은 예전 그대로일 수 없다. 이때 물질세계가 전체적으로 어떤 모습으로 바뀌어 가는지를 열역학 제2법칙에서는 다음과 같이 묘사하고 있다.

열역학 제2법칙: 우주는 계속 무질서해지고 있다.

에너지가 정처 없이 이곳저곳을 건너다니는 동안 우주는 마치 도도히 흐르는 거대한 강물처럼 그 안에 있는 모든 것들을 무질서를 향해 휩쓸고 내려간다는 뜻이다. 이렇게 무질서를 향해 나아가는 우주의 거대한 흐름을 거슬러 올라가려면 어떻게 해야 할까? 에너지원이 내어 놓는 열과 일을 기계적 에너지 변환 장치를 이용하여 최대한 '유용한 일'로 바꾸고 이를 활용하여 질서를 창출하면서 엔트로피를 낮추어야 한다.

강을 거슬러 올라가는 작은 배를 예로 들어 설명해 보자. 먼저 배를 움직이기 위해서는 에너지를 공급해 줄 연료가 있어야 한다. 하지만 연료를 단순히 태우는 것은 배가 움직이는 데 아무런 도움이 되지 않는다. 배를 움직이려면 연료가 가진 에너지를 '유용한 일'로 변환해 주는 에너지 변환 장치가 있어야 한다. 바로 엔진이다.

인류는 산업혁명을 계기로 양질의 연료와 강력한 엔진 두 가지를 모두 손에 거머쥐었다. 하지만 엔진과 연료를 모두 갖추었다고 해서 반드시 강을 거슬러 올라가며 질서를 창출할 수 있다는 보장은 없다. 배가 나아가는 방향이 어디를 향하고 있느냐에 따라 전혀 다른 결과가 빚어질 수도 있는 것이다. 배에 연료를 가득 채운 후 엔진을 가동시켰는데, 뱃머리를 강물이 흘러 내려가는 쪽으로 돌렸다고 가정해 보자. 아무것도 하지 않고 가만히 있어도 무질서를 향해 떠밀려가던 터에 뱃머리를 아래로 향하게 하면 배는 강물의 흐름을 따라 내달리면서 더욱 빠른 속도로 무질서를 창출하게 될 것이다. 따라서 에너지를 사용할 때 무엇보다 중요한 것은 뱃머리의 방향을 제대로 잡는 것이다. 이 단순한 사실을 깨닫고 나면 비로소 에너지 문제도 올바른 시각에서 바라볼 수 있게 된다.

사람들은 흔히 에너지 문제를 과학기술이 해결해 줄 것이라고 믿고 기대하지만 그런 일은 결코 일어나지 않는다. 과학기술은 에너지를 최대한 '유용한 일'로 전환해 주는 기계적 에너지 변환 장치를 발명했을 뿐, 실제로 그 장치가 사람들에 의해 어떤 목적으로 어떻게 사

우주는 무질서를 향해 도도하게 흘러 내려가는 거대한 강물과 같다. 따라서 그 거대한 흐름을 거슬러 올라가려면 엔트로피를 낮추며 질서를 창출해야만 한다. 질서를 창출하려면 에너지를 제공하는 연료가 있어야 하고 그 에너지를 유용한 일로 변환해 주는 기계적 변환 장치인 엔진이 있어야 한다. 무엇보다 중요한 것은 방향타를 제대로 잡아 배가 강의 흐름을 거슬러 올라가도록 하는 것이다.

용될 것인지에 대해서는 어떠한 통제나 예측도 할 수 없다. 과학기술은 단지 사람들에게 모든 가능성을 제시해 주고 그것을 실현할 수단과 방법을 제공해 줄 뿐이다.

과학기술이 제공한 기계적 장치를 가동하는 일꾼을 예로 들어 보자. 한 일꾼이 장비를 가동하여 창고의 상자들을 차곡차곡 가지런하게 쌓아 올렸다고 하자. 이것은 '유용한 일'을 통해 질서정연한 상태를 실현한 경우이다. 그런데 아마도 무슨 이유에서인지 화가 난 또 다른 일꾼이 똑같은 장비를 써서 단정하게 쌓여 있던 상자들을 모두 무너뜨려 이곳저곳으로 마구 팽개쳐 버렸다고 하자. 이것은 '유용한 일'을 통해 엔트로피를 높인 정반대의 결과를 초래한다. 이처럼 '유용한 일'이라고 해도 정반대의 결과를 초래할 수 있고 어느 쪽을 선택하는 가는 바로 그 일을 하는 사람의 자유의지에 달려 있다.

중요한 것은 우리 각자의 선택이다. 기계적 장치를 활용하여 대부분의 에너지를 '유용한 일'로 전환하더라도 이를 엔트로피를 높이는 방향으로 쓰게 되면 처음부터 모든 에너지를 열로 낭비해 버리는 것이나 마찬가지이다. 즉 사람들의 생각과 행동이 무질서를 창출하는 잘못된 방향을 향하게 되면 과학기술은 더욱 빠른 속도로 무질서에 이르게 하는 수단이 되어 상황을 더욱 악화시키는 결과를 낳는다.

여기에 '과학기술'이라는 단어를 '과학자'와 동일시하는 오류가 더해지면 상황은 더욱 나빠진다. '과학기술이 문제를 해결할 것'이라는 사고는 곧바로 '과학자들이 문제를 해결할 것'이라는 통념으로 이어지기 때문이다. 그렇게 되면 정작 문제를 야기한 당사자는 방향타를 잘못 잡고 있는 자신들임에도 불구하고 자기도 모르는 사이에 방관자의 위치에 서게 된다. 그러고는 이렇게 되뇐다. "나는 문제를 해결해야 할 당사자가 아니다." 이러한 상황에서는 과학이 제아무리 효율이 높은 기술과 엔진을 개발해도 소용이 없다. 대중이 잡은 방향타가 반대쪽을 향하게 되면 오히려 상황은 더욱 악화될 것이 분명하기 때문이다.

장비를 운행하는 운전자의 마음먹기에 따라 엔트로피는 낮아지기도 하고 높아지기도 한다. 기계적 에너지 변환 장치(장비)를 통해 에너지를 '유용한 일'로 변환했다고 하더라도 그것을 활용하는 사람의 생각에 따라 질서가 창출되기도 하고 무질서가 초래되기도 한다. 따라서 엔트로피를 낮추어 질서를 창출하는 데 있어 가장 중요한 요소는 바로 인간의 자유의지이다.

인류의 과거는
에너지 낭비의
역사이다

6

놀랍게도 인류의 역사를 보면 고도의 과학 기술을 무질서를 창출하면서 에너지 자원을 낭비해 버리는 데 기꺼이 활용해 왔다는 것을 알 수 있다. 그 대표적인 사례가 바로 전쟁을 통한 파괴 행위이다. 에너지를 일로 변환해 주는 엔진을 장착한 수많은 장비들이 연료를 펑펑 태우면서 지구의 이곳저곳을 누비며 열심히 깨고 부수고 흩어버리는 광경을 떠올려 보라. 기껏 에너지를 '유용한 일'로 바꾸어 놓고, 그것을 이용해 극도의 무질서한 상태를 만들어 버린 것이다. 이것은 마치 강물이 흘러 내려가는 방향으로, 즉 무질서라는 바다를 향해 신 나게 배를 몰고 달려 내려간 것과 같다. 뱃머리를 돌려 다시 왔던 길을 거슬러 올라가 제자리로 되돌아오는 것만으로도 또 얼마나 많은 연료를 더 태워야 할지 상상해 보라!

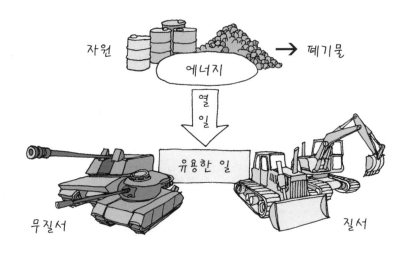

기계적 에너지 변환 장치를 통해 에너지를 '유용한 일'로 변환했다고 하더라도 이를 어떻게 활용하는냐에 따라 오히려 무질서를 창출하기도 한다. 연료를 가득 채운 엔진을 장착한 장비들이 파괴 행위를 통해 극도의 무질서를 야기하는 전쟁은 인류가 어리석은 방식으로 에너지 자원을 소비하는 가장 대표적인 예이다.

만약 우리에게 끝없이 넘쳐날 정도로 에너지 자원이 많다면 그렇게 때려 부수는 것도 나쁜 것만은 아니다. 파괴에 사용되었던 장비들을 움직여 망가진 것들을 다시 끌어 모아 정리하고 새롭게 쌓으면 될 테니 말이다. 이 과정에서 재건을 기치로 내건 경제 활동이 활발해지고 새로운 일자리도 창출될 수 있다. 또 상품과 화폐의 유통이 늘어나면서 경제가 살아나기도 한다. 1930년대 경제 공황의 끝자락에서 제2차 세계 대전이 발발하고 전쟁이 끝난 후의 재건 활동으로 세계 경제가 눈부시게 성장했던 것이 바로 대표적인 예이다.

하지만 간과해서는 안 될 중요한 사실은 1950년대만 해도 당시의 경제 규모로 볼 때 사실상 무한정이라고 해도 좋을 만큼의 석탄과 석유가 있었다는 것이다. 오늘날 현대 사회는 무질서를 향해 나아가는 우주의 거대한 힘 앞에서 현 상태를 그대로 유지하는 것만으로도 엄청난 에너지를 필요로 한다. 그럼에도 아직도 그와 같은 파괴와 재건 행위가 여전히 그칠 줄 모르고 반복되는 것을 보면 인류는 엄청난 착각 상태에 빠져 있는 것이 분명하다. 아무리 써도 괜찮을 정도의 충분한 에너지 자원이 아직도 남아 있다고 여기는 것이다. 또는 가지고 있는 자원을 다 써버리더라도 과거 땅속의 석유를 발견했던 것처럼 어디엔가 어마어마한 양의 새로운 에너지 자원이 숨어 있을 것이라고 착각하고 있는 것이다.

하지만 열역학 제1법칙에서 알 수 있듯이 에너지는 생성되지도 소멸되지도 않는다. 석유와 석탄은 분명 유한한 자원이며 언젠가는 바닥을 드러낸다. 문제는 이미 인류에게 남아 있는 가용한 에너지 자원이 생각만큼 많지 않다는 사실이다. 기껏 일을 한다고 해 놓고는 온통 멀쩡하던 것들을 때려 부수기 전에 잠시 멈추어 서서 다시 한 번 심사숙고해 보아야 할 시점이다. 과연 자신이 현명한 방식으로 일을 하고 있는지를!

우리가
추구하는 것은
모두 비자발적이다

7

　　우리가 왜 에너지를 필요로 하는가의 근본
적인 문제는 자발성이라는 열역학적 개념과 밀접한 관련이 있다. 우
리 일상을 잘 관찰해 보면, 무언가 한쪽으로 밀어 붙이는 방향성이
내재해 있다는 것을 알게 된다. 예를 들어 손에 쥐고 있던 유리컵을
놓쳤다고 가정해 보자. 유리컵은 곧 바닥으로 떨어지고, 떨어진 컵은
십중팔구 산산조각 깨져버릴 것이다. 바닥에 흩어져 있던 유리조각
들이 저절로 한데 모여 온전한 유리컵이 된다거나 심지어 유리컵이
바닥에서 튀어 올라 손 안으로 되돌아오는 일은 결코 일어나지 않는
다. 이처럼 어떤 변화가 어느 한쪽 방향으로만 저절로 일어날 경우,
이를 그 방향으로 '자발적 spontaneous' 이라고 한다.

　자발적인 방향은 엔탈피 enthalpy 와 엔트로피라는 두 가지 열역학적 요인에 의해 결정된다. 엔트로피는 어떤 주어진 상태의 무질서한 정도를 경우의 수에 관련된 함수로 나타낸다. 물질의 에너지가 일정한 압력 조건에서 열과 일로 그 모습을 드러낼 때 열에 해당하는 부분만을 따로 엔탈피라고 하여 내부에너지와 구별한다. 우리가 흔히 '열량'이라고 부르는 개념이 바로 엔탈피이다. 사람들은 흔히 '열량'을 에너지로 인식하기 때문에 엔탈피를 에너지로 알고 있는 경우가 많다. 엄밀하게 말하면 엔탈피와 에너지는 물질의 부피가 팽창하는 만큼 서로 다른 값을 갖는다. 하지만 많은 양의 기체가 발생하는 경우가 아니라면 그 값의 차이는 그리 크지 않다. 그렇다 보니 대부분의 경우 두 개념을 혼동하여 써도 큰 문제가 되지 않는다.

우리들은 이 두 가지 열역학적 요인이 각각 어떻게 될 때 자발적인지를 일상의 체험을 통해 잘 알고 있다. 난로의 불이 꺼지면 뜨겁게 달구어졌던 쇳덩이는 열을 잃어버리면서 차가워진다. 힘차게 돌던 팽이는 주변 물질과의 마찰을 통해 열을 잃어버리면서 에너지를 잃고 멈추어 선다. 하루 종일 아무것도 하지 않고 가만히 앉아 있어도 시간이 지나면 체온으로 열을 잃으면서 허기가 지고 힘이 빠진다. 이것은 모두 열의 형태로 에너지를 잃어버리면서 엔탈피 값이 낮아지는 방향으로 가는 예이다.

물에 떨어뜨린 잉크는 가만히 내버려 두어도 사방으로 번져 나가고 뿜은 담배연기는 저 혼자서도 널리 퍼져 나간다. 한데 모아둔 낙엽들은 시간이 지나면 이리저리 사방으로 흩어지고 가지런히 놓아둔 물건들도 어느 정도 시간이 지나면 흐트러져 있다. 제아무리 깔끔하게 정리해 놓아도 시간이 지나면 모든 것들이 예외 없이 흐트러진다. 이것은 모두 엔트로피가 높아지면서 무질서해지는 방향으로 나아가는 예이다.

즉 엔탈피는 낮아지는 방향이 자발적이고, 엔트로피는 높아지는 방향이 자발적이다. 이 때문에 열을 잃어버리면서 무질서해지는 변화는 가만히 내버려 두어도 쉽게 일어난다. 높은 곳에서 떨어져 산산조각 깨지는 유리컵의 모습이 바로 이러한 자발적 변화의 대표적인 예이다. 위에서 떨어지는 유리컵의 에너지는 바닥과의 충돌 과정에서 열이 되어 주변으로 사라진다. 한 덩어리로 존재하던 컵이 여러 개의 조각들로 흩어지면서 유리컵은 무질서한 모습으로 변해 버린다. 엔탈피는 낮아지고 엔트로피는 높아지는 이러한 자발적인 변화는 굳이 외부에서 누군가 개입하여 강제할 필요가 없다. 가만히 내버려 두어도 언젠가는 반드시 일어나고야 마는 변화이다.

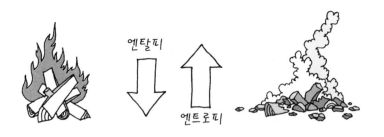

자발적 방향은 엔탈피와 엔트로피라는 두 가지 열역학적 요인에 의해 결정된다. 엔탈피는 낮아지는 방향이 자발적이며, 엔트로피는 높아지면서 무질서해지는 방향이 자발적이다. 불타는 장작과 같이 많은 열을 방출하면서 동시에 연기와 재로 흩어지며 극도의 무질서한 상태가 되어 버리는 것은 엔탈피나 엔트로피 두 가지 열역학적 요인이 항상 저절로 일어나는 자발적 반응이기 때문이다.

만약 이러한 자발적인 변화가 정반대 방향으로 일어나도록 하려면 어떻게 해야 할까? 수많은 유리조각들이 한데 모여 온전한 유리컵이 된 후 높은 선반 위에 올라가 다소곳이 앉아 있게 하려면 말이다. 이러한 변화는 결코 스스로 일어날 수 없다. 엔탈피와 엔트로피의 두 요인이 모두 비자발적인non-spontaneous 방향으로 가야 하기 때문이다. 비자발적인 변화가 일어나려면 외부의 누군가가 억지로 밀어붙이는 수밖에 없는데 이때 필요한 것이 바로 에너지원이다.

비자발적인 변화를 실현하는 데 있어서 에너지원이 하는 역할은 무엇일까? 시계 방향으로 돌아가고 있는 두 개의 톱니바퀴를 예로 들어 비자발적인 변화와 에너지원이 어떻게 연관되는지 설명해 보자. 이때 시계 방향은 자발적 방향을 의미한다. 서로 분리된 상태에서 각자 독립적으로 움직일 경우 톱니바퀴는 항상 자발적인 시계 방향으로 돌아가면서 무질서를 창출한다. 하지만 두 개의 톱니바퀴를 한데 맞물리면 전혀 다른 상황이 빚어진다. 맞물린 두 개의 톱니바퀴는 당연히 서로 반대 방향으로 돌아가야만 한다. 결국 두 개의 톱니바퀴 중 시계 방향으로 돌아가는 힘이 약한 녀석이 굴복하고 만다. 시계 방향으로 훨씬 강하게 돌아가는 톱니바퀴에 맞물린 다른 톱니바퀴는 원래 돌던 것과는 정반대인 비자발적인 방향으로 돌아가게 되는 것이다. 이때 자발적인 방향으로 강하게 밀어붙이며 다른 톱니바퀴로 하여금 거꾸로 돌아가게 만드는 쪽이 바로 에너지원에 해당한다.

즉 에너지원이란 아주 큰 폭으로 엔탈피가 감소하면서 동시에 엔트로피가 높아져 극도로 무질서한 상태가 되어 버리는 물질을 말한다.

석탄이나 석유가 대표적인 예이다. 석탄과 석유는 한번 불이 붙기 시작하면 많은 열을 방출하면서 원래 가지고 있던 자신의 에너지를 남에게 모두 내어 준다. 게다가 조금만 타서 없어져도 많은 양의 가스를 방출하면서 사방으로 퍼져 나가 큰 폭으로 엔트로피를 높여 놓는다. 따라서 어떤 변화를 비자발적인 방향으로 억지로 밀어붙이려면 석탄이나 석유를 태울 때처럼 에너지원에게 일어나는 강한 자발적 변화를 두 개의 톱니바퀴를 맞물리듯 한데 맞물려 주어야 한다.

유리 세공업자는 이 원리를 매우 잘 활용한다. 잘게 부서진 유리조각들을 한데 모아 뜨거운 화로 속에서 액체로 녹여 유리컵을 만들어 낸다. 그러고 나서 이렇게 만들어진 유리컵을 높은 선반 위에 올려놓는다. 자발적인 방향에 역행하는 비자발적인 변화가 실제로 일어난 것이다! 하지만 자기 혼자서 저절로 쉽게 일어난 것은 결코 아니다. 이를 가능하게 하려고 유리 세공업자는 용광로를 달구기 위해 많은 양의 연료를 땔감으로 태웠다. 또 음식을 섭취하며 모아 놓았던 자신의 에너지를 쏟아 부었다. 비자발적인 변화를 실현하기 위해 연료와 음식이라는 에너지원을 희생한 것이다. 물론 이 과정에서 연료와 음식은 자신이 가지고 있던 에너지를 모두 잃어버리고 엔트로피가 높아진 극도의 무질서한 상태가 되었다. 즉 더 이상 쓸모 없어진 '쓰레기'로 변해 버린 것이다.

열역학적 관점에서 보면 우리가 인생에서 추구하는 거의 모든 것들은 비자발적이다. 이것들은 에너지원에게 일어나는 강한 자발적 변화를 맞물리지 않고는 결코 실현될 수 없다. 그러다 보니 우리는 인

자발적인 변화를 비자발적인 방향으로 거꾸로 일어나게 하려면 이보다 훨씬 강한 자발적 변화를 한데 맞물려주어야 한다. 두 개의 톱니바퀴를 한데 맞물려 서로 반대 방향으로 돌아가게 만드는 것과 같은 원리이다. 예를 들어 깨진 유리조각들이 합쳐져 온전한 하나의 컵이 되게 하려면 자발적인 방향으로 강하게 밀어붙이는 반응을 한데 맞물려 주면 된다. 이때 흔히 사용되는 강한 자발적 변화가 바로 땔감을 태우는 연소 반응이다. 이 원리가 바로 우리가 에너지원을 필요로 하는 이유이다.

생의 매 순간마다 기꺼이 에너지를 내어 주고 쓰레기가 되어 버릴 희생양, 즉 에너지원을 끊임없이 필요로 한다.

우리는 자신이 추구하는 것들이 열역학적으로 비자발적이라는 사실을 명심할 필요가 있다. 이들을 실현하려면 에너지원을 희생해야만 하며, 그 뒤에는 소비된 에너지원에 해당하는 만큼의 쓰레기가 반드시 남게 된다는 것을 결코 잊어서는 안 된다. 현재 인류가 직면하고 있는 대부분의 골칫거리가 바로 열역학에서의 이 두 가지 움직일 수 없는 사실에서 시작되었기 때문이다.

우리는 본능적으로
열역학적 경계를
설정한다

8

"우주의 전체 에너지는 항상 일정하다." 소위 에너지 보존 법칙이라고도 일컬어지는 열역학 제1법칙은 에너지 세계에서 반드시 지켜지는 가장 기본적인 원리를 규정하고 있다. "전체 에너지가 항상 일정하다."라는 것은 에너지가 새롭게 생성되지도 그렇다고 소멸되지도 않는다는 것을 의미한다. 단지 에너지는 한곳에서 다른 곳으로 옮겨갈 뿐이다. 따라서 에너지 세계에서는 '제로섬 게임zerosum game'의 원칙이 철저히 지켜진다. 에너지를 얻는 사람이 있으면 반드시 다른 한 쪽에는 에너지를 잃는 사람이 있다. 마치 판돈을 놓고 벌이는 노름판에서처럼 에너지 세상에서도 흥하는 사람이 있으면 반드시 망하는 사람이 있다.

우리가 갈망하고 추구하는 사실상의 모든 것들은 결코 저절로 일어나지 않는 비자발적인 현상들이다. 이들을 실현하려면 그 대가로 누군가에게서 에너지를 끌어와야 한다. '제로섬 게임'의 원칙이 지배하는 에너지 세상에서 에너지를 끌어오려면 반드시 누군가는 에너지를 잃어버리는 희생을 치러야 한다. 비록 우리는 생명, 성장, 진화라는 단어로 대표할 수 있는 대단한 일들을 해 내지만 다른 쪽에서는 이를 위해 에너지원이 자신이 가지고 있던 많은 양의 에너지를 잃어버리고 극도의 무질서한 상태가 되어 쓰레기로 전락해 버린다.

문제는 에너지를 얻어 대단한 일을 해 낸 쪽과 에너지를 잃고 무질서한 상태로 망가져 버린 쪽이 서로 합쳐지면 그 모든 수고가 수포로 돌아간다는 사실이다. 이 둘을 합친 전체 변화의 결과는 우주의 섭리인 열역학 제2법칙 우주는 계속 무질서해지고 있다. 을 결코 벗어날 수 없기 때문이다. 양쪽을 합쳐 놓고 보면 결국 세상은 여전히 무질서한 상태로 가고 있다.

사람들은 이러한 딜레마를 해결하기 위해 나름대로의 전략을 구사한다. 그것은 바로 자기 주변으로 '열역학적 경계'를 설정하여 남과 나를 철저히 구분하는 것이다. 자신이 필요로 하는 에너지만 경계의 안으로 끌어들여 사용하고, 이 과정에서 에너지를 잃고 쓰레기로 변해 버린 에너지원은 바깥에 그대로 남겨 둔다. 이렇게 함으로써 경계의 안에 있는 자신은 흥하고 그 대신 경계의 바깥은 망하게 내버려 두는 것이다.

만약 경계를 허물면 안과 밖에서 서로 반대 방향으로 일어났던 변화의 효과가 서로 상쇄되면서 모든 것들이 무질서한 상태로 가 버릴 것이다. 열역학 제2법칙은 항상 만족된다. 인간의 잠재의식 속에는 경계를 확실하게 긋고 이를 그대로 유지하려는 본능이 뿌리 깊게 박혀 있다. 경계를 설정하여 남과 나를 구분하려는 본능은 결국 에너지를 사이에 두고 서로 뺏고 뺏기는 경쟁을 낳게 된다.

때로는 에너지를 두고 벌어지는 경쟁 과정에서 보다 유리한 위치에 서기 위해 경계를 넓히면서 가능한 많은 경쟁 상대를 내 편으로 끌어들이기도 한다. 이 과정에서 혈연, 학연, 지연, 가족, 씨족, 부족, 국가 등 여러 형태의 이해 집단이 형성되고, 이는 우리가 자신의 주변으로

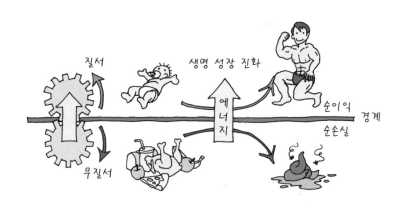

비자발적인 변화와 자발적인 변화가 두 개의 톱니바퀴처럼 서로 맞물려 일어날 때 이 두 시스템은 열역학적 경계로 분리된다. 자발적 변화가 일어나는 영역에서는 에너지를 잃어버리면서 무질서해지는 변화가 일어나고 이때 잃어버린 에너지는 열역학적 경계를 넘어 반대 영역으로 넘어간다. 비자발적인 변화가 일어나는 영역에서는 에너지를 건네받아 이를 이용해 질서를 창출한다. 우리가 음식을 먹는 이유도 바로 이 에너지를 얻으려는 데 있다. 에너지를 끌어오는 과정에서 에너지를 잃고 망가져 쓰레기로 전락한 희생양은 반드시 우리로부터 철저히 격리해야만 한다. 그래야만 열역학적 경계 너머에서 일어나는 '무질서'를 담보로 '질서'를 실현할 수 있게 된다. 이 두 영역을 합친 전체는 열역학 제2법칙에 따라 무질서한 방향으로 가고 있기 때문에 만약 경계를 허물고 두 영역이 합쳐지면 모든 영역에서 '무질서'가 초래된다.

열역학적 경계를 어떠한 방식으로 설정하는지를 여실히 보여 준다. 경계의 안쪽에 함께 선 자들은 공동운명체가 되어 밖에서 에너지를 함께 빼앗아 오고 들여온 에너지를 서로 나누어 쓰며, 이를 이용해 자신들이 속한 집단만의 질서정연한 상태를 실현한다. 경계의 바깥에서 최대한 많은 에너지를 들여오지만 그 과정에서 에너지를 잃고 쓰레기로 전락하는 모든 것들은 철저히 경계의 바깥쪽에 그대로 남겨 둔다.

마치 한 편의 드라마를 보는 것과 같은 이러한 상황은 살아있는 생명체가 존재하는 곳이라면 어디에서나 비슷한 양상으로 전개된다. 이처럼 우리가 하는 모든 생각과 행동의 이면에는 생명, 성장, 진화라는 비자발적인 변화를 실현하고 이를 그대로 유지하려는 열역학적인 이유가 숨어 있다.

근현대에 들어와
인류의 열역학적
우주관이 바뀌었다

9

열역학 제1법칙은 경계의 설정을 전제로 하고 있다. 전체 에너지는 일정하므로, 에너지를 얻는 자가 있으면 반드시 그 반대쪽에는 에너지를 잃는 자가 있기 마련이고, 여기에는 이미 얻는 자와 잃는 자를 구분하기 위해 '열역학적 경계'를 설정한다는 전제가 깔려 있다. 누가 내 편이고 누가 남인지를 규정하는 소위 사회적 연대라는 것도 사실 알고 보면 열역학적 경계를 설정하는 방식의 하나이다.

그런데 이 경계를 설정하는 데 있어 사람들은 매우 임의적이다. 여기에는 각자의 철학과 세계관이 투영되어 있고, 가족, 학연, 지연, 회사, 국가 등 여러 가지 다른 방식들이 얽히고설키면서 여러 개의 경계가 중첩되어 시시각각 변하기까지 한다. 어떤 방식으로 경계를 설정하건 사람들은 항상 한 가지 원칙을 추구한다. 나와 에너지를 나눌 동지는 경계의 안에 두고 에너지를 빼앗아 와야 할 적은 경계의 밖에 두는 것이다. 경계를 사이에 두고 둘로 나뉜 진영 간에는 누가 에너지를 얻게 될 것인지를 두고 항상 첨예한 갈등을 빚는다. 따라서 경계를 어떻게 설정하느냐에 따라 에너지를 잃는 자가 얻는 자가 되기도 하고 상황이 바뀌면 반대로 얻는 자가 잃는 자가 되기도 한다. 어제의 적이 오늘의 동지라는 말도 있지 않은가! 그렇다 보니 똑같은 상황을 두고도 경계를 설정하는 방식이 사람마다 다를 수밖에 없다.

열역학적 경계

사람들은 거의 무의식적으로 자신의 주변으로 열역학적 경계를 설정하고 세상을 내편과 상대편으로 나눈다. 누가 에너지를 빼앗아 올 것인지를 놓고, 두 진영 사이에는 치열한 경쟁이 벌어진다. 질서를 창출하기 위해서는 반드시 에너지를 가져야 하기 때문이다. 에너지를 얻은 쪽은 흥하고 뺏긴 쪽은 망한다. 열역학 법칙에 예외는 없다. 그저 자연의 섭리일 뿐이다.

사람은 성장하면서 열역학적 경계의 범위를 지속적으로 넓혀 나간다. 어릴 때 가족이라는 작은 단위에서 시작해 성장과 함께 학교 친구, 이웃 주민, 회사 동료, 같은 국민, 더 나아가 민족으로 자신이 생각하는 사회적 소속감의 범위를 넓혀 나간다. 역사를 보면 인류도 이와 마찬가지로 열역학적 경계의 범위를 지속적으로 넓혀 나간 것을 알 수 있다. 씨족에서 부족을 거쳐 지금의 국가라는 개념으로 열역학적 경계의 설정 방식을 점진적으로 확장해 왔고, 이제는 국가를 넘어 '세계화'라는 이름 아래 전 인류를 하나로 끌어안는 더 넓은 범위로 확장해 가고 있다.

이처럼 열역학적 경계를 점차 넓혀 가다 보면 사람마다 제각기 달랐던 경계 설정 방식들이 점차 하나의 동일한 모습으로 수렴하기 시작한다. 결국 경계의 범위를 넓혀 인류 전체를 하나의 공동운명체로 규정하고 나면, 인류, 지구, 그리고 태양이 열역학적 경계를 사이에 두고 서로 어떠한 상호관계 속에서 에너지를 주고받는지를 나타내는 거대한 열역학적 구도가 떠오르게 된다. 이 거대한 열역학적 구도를 이 책에서는 편의상 '열역학적 우주관'이라고 부르도록 하자.

인류, 지구, 태양이라는 삼자 간의 열역학적 구도를 결정하는 주요 요인은 각자의 에너지 손익 구조이다. 서로 에너지를 주고받는 관계 속에서 에너지 순이익을 내는 자와 에너지 순손실을 보는 자는 열역학적 경계를 사이에 두고 서로 반대 영역에 위치하게 된다. 기본적으로 에너지의 원천적 공급자인 태양은 항상 에너지 순손실 상태에 있게 된다. 따라서 열역학적 우주관의 전체 구도는 지구와 인류의 에너지 손익 구조가 각각 어떻게 되느냐에 따라 달라진다.

 과거 문명의 유적지에서는 태양신이나 태양신전과 같이 유독 태양을 숭배했던 흔적들이 많이 발견된다. 이것은 당시의 사람들이 자연에 대한 오랜 관찰과 경험을 통해 태양이 지구 상의 모든 생명체에게 에너지를 불어넣어 주는 생명의 원천이라는 사실을 정확하게 인지하고 있었음을 보여 주는 증거이다. 게다가 이들 유적에서는 사람들이 자연에 대해 경외심을 가지고 있었음을 엿볼 수 있는 단서들도 많이 발견된다. 광합성 능력이 없는 인간에게 태양에게서 받은 에너지를 전달해 주는 자연의 동식물은 에너지 매개자로서 없어서는 안 될 매우 소중한 존재라는 사실을 잘 이해하고 있었음을 짐작할 수 있다. 이처럼 태양을 숭배하고 자연을 경외심으로 대했던 과거 인류의 의식 구조를 통해 오래전 과거의 열역학적 우주관이 어떤 구도를 가지고 있었는지 알 수 있다.

 지구의 훼손되지 않은 자연은 식물의 광합성 작용을 통해 태양으로부터 빛에너지를 포획한다. 이렇게 얻은 태양에너지는 먹이사슬을 통해 동물들에게 전달되고 인간에게도 제공된다. 식물이 포획한 에너지양이 인간을 포함한 모든 동물들이 소비하는 에너지양보다 많으면 에너지가 남게 되는데, 이 잉여의 태양에너지는 한동안 표토 속 유기물로 축적되었다가 오랜 세월이 지나면 석탄과 석유가 되어 땅속 깊은 곳에 저장된다. 에너지 손익 구조 관점에서 보면 지구는 에너지 순이익을 내면서 잉여 에너지를 남겼고, 이것은 지난 수억 년에 걸친 지구의 진화로 나타났다.

인류도 지구와 마찬가지로 에너지 순이익을 내면서 남는 잉여 에너지로 사회를 발전시키고 문명을 일으켰다. 이처럼 태양, 지구, 인류의 에너지 손익 관계를 따져 보면 열역학적 경계를 사이에 두고 한쪽에는 에너지 순손실 상태의 태양이 있고 그 반대쪽 너머에는 에너지 순이익을 보는 인류와 지구가 함께 있는 열역학적 구도가 그려진다. 바로 오래전 과거의 열역학적 우주관의 모습이다.

여기에서 특히 주목할 것은 인류와 지구가 열역학적 경계의 같은 영역에 함께 있었다는 사실이다. 인류와 지구는 태양으로부터 끌어들인 에너지를 나누며 이를 통해 질서를 창출하면서 성장과 진화를

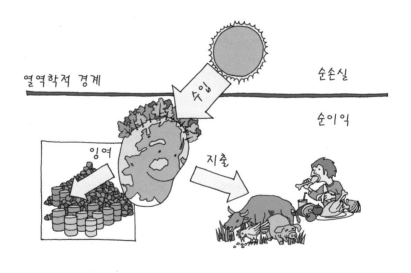

과거(산업혁명 이전)의 열역학적 우주관을 보여 주고 있다. 인류를 포함한 지구 상의 모든 동물들은 먹이사슬을 통해 식물의 광합성 반응으로 포획된 태양에너지를 공급받으며 에너지 순이익을 냈다. 지구도 에너지 순이익을 내고 있었고 동물들에게 제공되고 남은 잉여 에너지는 화석연료의 형태로 땅속 금고에 계속 쌓여갔다. 이들 모두에게 에너지를 건네주면서 에너지 순손실을 보는 희생양은 태양이다. 그림에서 화살표의 두께는 에너지의 상대적인 양을 나타낸다.

함께 실현해 나간 공동운명체였음을 의미한다. 태양에너지를 함께 나누어 쓴다는 점에서 보면 지구 상의 다른 모든 동물들도 인간과 공생 관계에 있었다는 것을 알 수 있다.

그렇다면 오늘날에도 그와 같은 과거의 열역학적 우주관이 그대로 유지되고 있을까? 군이 열역학적 관계를 따져 보지 않더라도, 우리 자신의 의식 구조를 잠시만 들여다보면 그 답에 대한 단서를 쉽게 발견할 수 있다. 오늘날 현대인의 의식 속에는 과거와 같은 태양 숭배 사상이 전혀 남아 있지 않다. 자연에 대한 경외심도 사라져 버렸다고 해도 과언이 아니다. 이는 현재 우리의 열역학적 우주관이 더 이상은

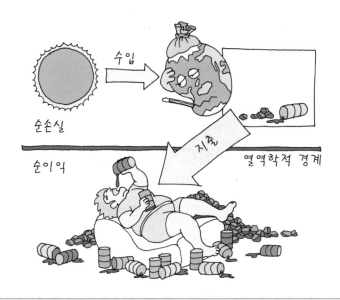

현재(산업혁명 이후)의 열역학적 우주관을 보여 주고 있다. 원래 순이익 상태였던 지구의 에너지 손익 구조가 순손실로 돌아서면서 지구는 열역학적 경계를 넘어 태양이 있는 반대쪽 영역으로 자리를 옮겨 가게 되었다. 지구와 인류가 열역학적 경계를 사이에 두고 정반대 영역에 서 있는 근본적인 모순을 만들어 낸 것이다. 그러한 열역학적 상황이 빚어진 근본적인 원인은 다름 아닌 인류의 에너지에 대한 탐욕 때문으로, 이와 같은 상황은 결코 지속가능하지 않다.

과거와 같은 구도를 가지고 있지 않다는 것을 암시한다. 어떤 이유에서인지 인류는 에너지를 취하는 데 있어서 과거와는 달리 태양이나 자연의 동식물이 없어도 그리 큰 문제가 되지 않는 상황에 놓여 있는 것이다.

그렇다면 오늘날의 열역학적 우주관은 어떤 구도로 바뀌었을까? 변화의 관건은 바로 지구의 에너지 손익 구조에 있다. 태양은 여전히 에너지의 원천적 공급자로서 에너지 순손실 상태 그대로이다. 인류도 과거와 마찬가지로 문명을 발전시키고 지속적인 경제 성장을 실현하면서 여전히 에너지 순이익 상태를 유지하고 있다. 하지만 지구의 에너지 손익 구조가 더 이상 과거와 같은 순이익 상태를 유지하고 있지 않다는 데 근본적인 차이가 있다.

지난 수세기에 걸쳐 인류의 활동으로 방대한 넓이의 삼림이 훼손되었는데, 이것은 곧 태양에너지를 가장 왕성하게 포획해 들이는 지구의 주요 에너지 수입원이 지구 표면에서 대부분 사라졌다는 것을 의미한다. 지구의 에너지 수입이 큰 폭으로 줄어든 것이다. 다른 한편에서는 인류가 소비하는 화석연료의 양이 폭증하면서 지구는 자신이 지난 수억 년 동안 저장해 왔던 잉여 에너지를 모두 인류에게 내어주고 있다. 지구의 에너지 지출이 큰 폭으로 늘어난 것이다. 결과적으로 지구의 에너지 손익 구조가 순이익에서 순손실로 돌아서면서 지구는 더 이상 과거의 열역학적 영역에 머무를 수 없게 되었다.

결국 오늘날의 열역학적 우주관에서는 열역학적 경계를 사이에 두고 에너지를 얻는 영역에 인류만 남아 있고 지구는 그 반대편 에너지를 잃는 영역으로 넘어가 버렸다. 즉 열역학적 경계를 중심으로 인류와 지구가 분리되어 반대편 영역에 지구와 태양이 함께 서 있는 이상한 구도가 된 것이다.

열역학적인 관점에서 보았을 때 오늘날 현대인들은 스스로를 지구로부터 분리하는 어리석기 그지없는 열역학적 우주관을 갖게 되었다. 인류는 에너지 순이익을 내며 흥하는데 지구는 에너지 순손실을 보며 망하게 된 것이다. 그렇다면 과연 망하는 지구 위에서 인류가 흥하는 것이 가능할까?

지구의 에너지 손익 구조가
순손실로 돌아선
이유는 무엇일까?

⑩

오늘날 우리는 열역학적 경계를 사이에 두고 인류와 지구가 분리되어 서로 다른 영역에 머물러 있는 이상한 구도의 열역학적 우주관을 가지고 있다. 인류가 물리적으로 지구와 완전히 분리된 상태로 존재하지 않는 한 지금과 같이 인류와 지구가 분리되어 있는 열역학적 구도는 결코 지속가능하지 않다. 그렇다면 과거의 정상적이었던 열역학적 구도가 언제부터, 어떤 계기로 지금의 왜곡된 구도로 바뀌게 된 것일까?

그 결정적 계기는 바로 산업혁명이었다. 산업혁명 이전만 해도 에너지를 사용하여 질서를 창출하는 길은 사람이나 가축의 노동력을 빌리는 방법밖에 없었다. 열을 '유용한 일'로 변환해 주는 기계적 메커니즘을 수행할 수 있는 장치가 사실상 사람과 가축 외에는 존재하지 않았기 때문이다. 따라서 그때까지만 해도 인류가 질서를 창출하기 위해 소비했던 주요 에너지 자원은 사람과 가축이 먹어야 하는 식량이었다. 원래 식물의 광합성 반응을 통해 지구가 포집해 들이는 태양에너지는 인간을 포함한 지구 상의 모든 동식물들이 식량의 형태로 먹고도 남는 충분한 양이었다. 문명이 발달하고 인구가 늘어나면서 식량 소비도 늘어났지만 여전히 지구가 태양에서 포집해 들이는 에너지는 충분했고 많은 양이 남아돌았다. 남은 잉여의 태양에너지는 유기물의 형태로 표토에 비축되었고 오랜 세월이 지나 석탄과 석유가 되어 땅속에 저장되었다. 에너지 손익 구조의 관점에서 보면 지구는 항상 에너지 순이익을 내고 있었던 것이다.

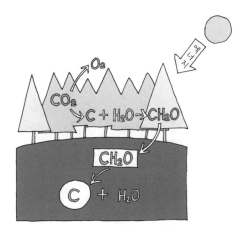

식물은 광합성 작용을 통해 지구의 주요 에너지원인 태양 에너지를 우주로 빠져나가지 못하게 잡아두는 핵심 역할을 한다. 광합성 결과 생성된 탄수화물($C_6H_{12}O_6 = CH_2O$)에 고정된 태양에너지는 잎, 가지, 열매 등과 같은 식물의 몸이 되었다가 이내 땅 위에 떨어져 표토 속으로 들어간다. 표토에 저장되었던 유기물은 오랜 세월이 지나면서 땅속 깊이 묻혀 들어가고 그곳에서 물이 빠져나가면서 석탄(C)이 되어 저장된다. 땅 위에 떨어진 식물의 잔해를 미생물이 다 먹어치우고 식물 대신 미생물의 사체가 표토에 저장되면 석탄 대신 원유가 만들어진다.

하지만 이와 같은 상황은 산업혁명을 계기로 급작스럽게 바뀌기 시작했다. 증기기관이라는 기계적 장치가 발명되면서 장작을 태울 때 나오는 열에서 '유용한 일'을 뽑아낼 수 있는 새로운 방법을 터득한 것이다. 과거에는 난방이나 취사용에 불과했던 땔감을 일을 하면서 질서를 창출하는 데 이용하기 시작한 것이다. 기계가 일을 대신하면서 마침내 인류는 자신의 육체를 통해 질서를 창출할 수밖에 없었던 노동의 멍에를 벗어 던지게 되었다. 이후 인류는 내연기관에서 온갖 전기 모터에 이르기까지 다양한 에너지 변환 장치들을 고안해 내기 시작했고 인력에만 기대던 과거의 방식으로는 상상조차 할 수 없었던 엄청난 규모의 질서를 그것도 매우 빠른 속도로 창출하기 시작했다.

이때부터 인류의 주요 에너지 자원은 식량에서 땔감으로 바뀌게 되

경제 성장과 함께 인구가 늘어나면서 땔감의 수요가 커지고 식량 증산이 요구되었다. 이에 따라 먹을거리를 얻기 위해 경작지와 목초지를 넓히는 과정에서 산림의 면적이 급속도로 줄어들었다. 울창하던 산림이 사라지면서 지구의 에너지 수입도 크게 줄어들었다. 한편에서는 오랜 세월에 걸쳐 저축해 놓았던 금고 속 에너지 자원인 석탄과 석유를 게걸스럽게 파내면서 지구의 에너지 지출이 큰 폭으로 늘어났다. 결과적으로 지구의 에너지 손익 구조는 과거의 순이익에서 지금의 순손실로 돌아서게 되었다.

었다. 에너지를 유용한 일로 바꾸어 주는 기계적 에너지 변환 장치를 움직이기 위해 아름드리나무들이 무분별하게 잘라져 땔감으로 태워졌고, 이 과정에서 울창하던 삼림이 급속도로 사라지기 시작했다. 게다가 사회가 발달하고 인구가 늘어나는데 따라 식량 증산을 위한 농경지와 목초지를 넓히면서 삼림의 파괴 속도는 더욱 빨라졌다. 숲의 면적이 큰 폭으로 줄어들면서 그동안 태양에너지를 포집해 들이면서 지구에게 커다란 수익을 안겨 주었던 지구의 가장 주된 에너지 수입원이 사실상 사라진 것이나 다름없게 되었다. 지난 400년에 걸쳐 훼손되지 않은 숲의 면적은 십분의 일로 줄어들었다. 숲이 사라지면서 땔감이 부족해지자 마침내 인류는 지구가 오랜 세월에 걸쳐 땅속에 비축해 왔던 화석연료에도 손을 대기 시작했다. 지구의 입장에서 보면 이때부터 인류는 자신에게서 엄청난 양의 에너지 자원을 빼앗아 가는 가장 큰 에너지 지출원이 되었다.

이와 같이 산업혁명을 계기로 지구의 주요 에너지 수입원이 줄어들고 동시에 막대한 에너지 지출이 발생하면서 지구의 에너지 손익 구조는 서서히 순이익에서 순손실로 돌아서기 시작했다. 그 과정에서 사람들의 의식 구조도 바뀌기 시작했는데, 막대한 양의 에너지를 화석연료로부터 얻게 되면서 지구 상의 모든 생명을 가능하게 하는 에너지의 원천이 태양이라는 사실을 서서히 잊기 시작한 것이다.

그뿐만이 아니다. 이제 인류에게 자연의 동식물도 그다지 중요하지 않은 존재가 되어 버렸다. 굳이 동식물을 통해 에너지를 건네받지 않더라도 과거에는 상상할 수도 없었던 많은 양의 에너지를 화석연료를 통해 얻을 수 있게 되었으니 말이다. 자신을 위해 노동을 대신할 기계적 장치가 있고, 여기에 에너지를 공급해 줄 풍부한 땔감도 있으니 자연의 동식물이 없어진다고 해도 그리 큰 문제가 되지 않는다고 여기게 된 것이다. 마침내 인류는 자연에 대한 경외심마저 잃게 되었다. 자신들에게 태양에너지를 전해 주는 매개체 역할을 해 왔던 지구는 더 이상 보호해야 할 대상이 아닌 자연자원을 공급해 주는 '착취적 이용exploitation'의 대상으로 전락해 버렸다. 여기서 인류는 지극히 중요한 사실, 즉 자신들과 지구, 그리고 태양 간의 열역학적 구도가 심하게 왜곡되면서 열역학적 경계를 사이에 두고 인류와 지구가 분리되어 버렸다는 사실을 간과하고 있다. 열역학적 경계의 반대쪽에서 인류는 에너지를 얻어 흥하지만 지구는 에너지를 잃고 망할 수밖에 없는 자기모순의 상황에 빠져 있는 것이다.

이것은 마치 이곳저곳이 썩어 문드러지고 녹슬어 곧 허물어질 것 같은 대 저택의 한쪽 구석방에서 고급 옷에 온갖 금붙이를 치장한 채 맛있는 산해진미를 잔뜩 쌓아 놓고 흥청망청 파티를 벌이고 있는 이상한 광경을 보는 것과 같다. 그곳에 그대로 머문다면 파티에 참석한 사람들이 어떻게 될지는 불을 보듯 뻔하다. 무너져 내리는 저택에서 빠져나와 다른 곳에 새로운 거주지를 마련하든지 만약 그것이 불가능하다면 지금 당장이라도 자신만을 위해 흥청망청 써대고 있던 에너지로 허물어져가는 집을 수리하는 데 팔을 걷어붙여야 마땅하지 않은가?

우리는 현재
여섯 번째 대멸종을
보고 있다

11

        산성비, 대기와 수자원의 오염, 쌓이는 고체 폐기물, 토양오염, 빠른 속도로 사라지는 온대삼림과 열대우림, 표토의 소실과 사막화, 오존층 구멍, 사라지는 빙하, 해수면 상승, 기상 이변, 멸종의 길로 들어선 수많은 동식물들, 고갈되는 자연자원 등 현재 우리가 대면하고 있는 앓고 있는 지구의 모습들은 굵직한 것만 나열해도 숨이 가쁠 지경이다.

  망가지고 부서지며 죽어가는 모습을 드러내고 있다는 점에서 이들은 모두 하나의 공통점을 가지고 있다. 이들 모두 엔트로피가 증가하며 무질서해지는 방향을 향해 나아가고 있는 지극히 자발적인 변화라는 점이다. 이와 같은 현상들은 그것이 어떤 모습으로 드러나건 예외 없이 모두가 하나의 근원적인 열역학적 원인에 기인한다. 그것은 바로 지구가 에너지를 잃어버리고 있다는 증거이다. 에너지를 잃어버리는 모든 것은 엔트로피가 증가하며 무질서를 향해 나아간다. 지구도 예외는 아니다.

놀라운 것은 지구가 진화를 거듭해 온 지난 46억 년 동안 지구의 에너지 손익 구조가 지금처럼 막대한 순손실로 돌아선 적이 없었다는 점이다. 지구 상 모든 동물의 90%가 죽고 50%가 넘는 생물 종들이 모두 멸종해 버린 페름기 대멸종과 같이 외계에서 날아든 소행성과의 충돌로 지구 생태계가 대재앙을 맞았던 적은 여러 차례 있었지만, 그때조차도 지구의 에너지 손익 구조는 균형을 유지했다고 볼 수 있다. 소행성 충돌로 자연이 파괴되어 지구의 에너지 수입량이 줄어들었지만, 이와 함께 대멸종이 진행되면서 동물의 개체수도 감소하여 에너지 지출량도 덩달아 줄어들었기 때문이다. 결국 얻은 것과 잃은 것 모두가 균형을 맞추면서 대멸종 시기에도 지구의 에너지 손익 구조는 순이익 상태를 근근이 유지했다.

그러나 현대에 들어와 인간이라는 아주 특이한 종으로 인해 그동안 순이익을 유지해 왔던 지구의 손익 구조가 순손실로 돌아서는 놀라운 일이 일어났다. 인류는 고도로 발달한 과학기술을 손에 쥐고 소위 '지속적 경제 발전'이라는 기치 아래 도시를 건설하고 문명을 일으켰다. 미지 세계를 탐험한다는 미명 아래 지구의 모든 것들을 정복했고 이들을 자신의 목적을 위해 임의로 징발하여 사용했다. 고도로 발달한 문명의 모든 것들은 엔트로피를 낮추면서 질서를 창출하는, 열역학적으로 지극히 비자발적인 변화를 통해 이룩된 것들이다. 당연히 이들을 모두 실현하려면 누군가에게서 엄청난 양의 에너지를 가져와야만 한다. 식물이 광합성 반응을 통해 매일매일 태양으로부터 벌어들이는 에너지로는 턱없이 부족하다. 이것은 지구 진화의 역사를 통해 수억 년이라는 긴 세월 동안 지구가 비축해 놓았던 화석연료를 통해서만 얻을 수 있었던 막대한 양이다.

그러나 인류는 그 많은 에너지를 불과 100년도 채 되지 않는 짧은 기간에 거의 다 소진하고 있다. 어느새 인류는 자신도 미처 깨닫지 못하는 사이에 지구에게서 미친 듯이 에너지를 빨아먹는 괴물과 같은 존재가 되어 버렸다. 그리고 에너지 순손실로 돌아선 지구는 무질서를 향해 곤두박질치며 신음하고 있다.

과거에도 지구는 다섯 차례에 걸친 대멸종으로 깊은 상처를 입고 신음했던 적이 있다. 하지만 열역학적 관점에서 보았을 때 오늘날 지구는 과거에 한 번도 겪지 않았던 전혀 새로운 상황을 맞고 있다. 외계에서 날아온 소행성도 없었는데, 또 하나의 대멸종이 시작된 듯 생태계가 무너져 내리고 인간을 제외한 거의 모든 동물의 개체수가 감소하고 있는 것이다.

만약 이것이 여섯 번째 대멸종의 시작이라면 과거 수차례에 걸쳐 일어났던 대멸종에서 우리가 반드시 기억해야 할 것이 있다. 그것은 당시 많은 에너지를 소비하며 가장 번성했던 종들이 예외 없이 멸종의 나락으로 떨어졌다는 사실이다. 페름기 대멸종 사건에서는 삼엽충과 암모나이트 같은 바다동물이 멸종했고, 백악기 대멸종 사건에서는 공룡을 위시한 거대한 파충류가 멸종했다. 자연이 파괴되면서 태양에너지를 포획해 들이는 능력이 훼손되고, 이로 인해 지구의 에너지 수입량이 줄어들면 지구에게서 가장 많은 양의 에너지를 뽑아 쓰던 동물이 가장 큰 어려움을 겪게 되는 것은 당연한 이치이다. 그래서 덩치가 커서 많은 에너지를 필요로 했던 공룡의 멸종은 소행성이 충돌하기 훨씬 이전에 이미 예약된 것이나 다름없었다.

그렇다면 언젠가는 반드시 일어날 여섯 번째 대멸종이 닥쳤을 때 지구 상에서 가장 큰 타격을 입게 될 종은 과연 무엇일까? 현재 지구에게서 가장 많은 에너지를 빼가고 있는 종이 무엇인지 스스로 물어보면 답이 나온다.

인류는 막대한 에너지 순이익을 내면서 '지속적인 발전' 이라는 위업을 달성했지만 지구는 그 대가로 에너지 순손실 상태로 돌아섰고 이에 따라 지구 환경과 생태계가 무너져 내리는 아픔을 겪고 있다. 지금까지의 인류 발전은 지구를 희생양으로 삼았기 때문에 가능했던 것이다.

이제 우리는
어느 방향으로
나아가야 하는가?

⑫

　　　　　　앞에서도 살펴보았듯이 그동안 지구 상에서 진행되어 온 진화의 역사와 다섯 번에 걸쳐 일어났던 대멸종 사건들을 열역학적 관점에서 들여다보면 머리카락이 삐쭉 서는 느낌을 받는다. 인류와 지구, 그리고 태양 사이의 일그러져 버린 열역학적 상호관계를 따져 볼 때 인간이라는 종이 또 하나의 대멸종 사건을 자초하고 있다는 결론에 도달할 수밖에 없기 때문이다. 인간의 에너지에 대한 탐욕이 자연의 순리 안에서 균형을 이루어 왔던 열역학적 구도를 일그러뜨려 놓았고, 그 결과 그동안 진화의 길을 걸어왔던 지구가 퇴화의 길로 들어섰다는 것이 열역학적으로 너무나 명백하다. 현재 지구촌 모든 곳에서 관찰되고 있는 생태계 교란의 실상이 이를 여실히 보여 주고 있다.

그렇다면 인류가 자신의 지속가능성을 담보하기 위해 무엇을 해야 할 지 너무나 명확해진다. 지구와 인류가 열역학적 경계를 사이에 두고 서로 찢어져 반대 영역으로 가버린 왜곡된 열역학적 구도를 다시 원래대로 바로잡아야 한다. 급속도로 진행되고 있는 지구 생태계의 퇴화 현상을 되돌리려면 무엇보다 지구의 에너지 손익 구조를 순이익으로 되돌려 놓는 것이 시급하다. 그리고 그것이 바로 열역학적 구도를 바로잡는 관건이기도 하다.

　해결을 위한 근본 원리는 가정주부가 수입과 지출을 따져 가며 가계부를 정리하는 것과 같다. 지구의 손익 구조를 개선하려면 주된 에너지 수입원은 늘리고, 반대로 주된 에너지 지출 요인은 줄여야 한다. 이를 위해서는 구체적으로 다음과 같은 목표를 설정할 필요가 있다. 첫째는 지구의 가장 주된 에너지 수입원이 원래의 기능을 회복할 수 있도록 훼손된 자연을 최대한 복원하는 것이다. 적어도 남아 있는 자연만이라도 훼손되지 않도록 막는 것부터 실천해야 한다. 둘째는 화석연료에 대한 인류의 에너지 의존도를 최대한 낮춤으로써 인류에 의해 초래되고 있는 지구의 에너지 지출을 줄이는 것이다. 셋째는 화석연료의 사용을 줄이는 과정에서 인류의 에너지 손익 구조가 순손실로 돌아서지 않도록 대체 에너지를 개발하여 화석연료를 대신하는 것이다.

　환경 문제와 에너지 문제를 해결하려는 우리의 노력은 그것이 어떤 방식으로 이루어지든지 자연 복원, 화석연료 소비 감축, 대체 에너지 개발이라는 이 세 가지 목표를 동시에 만족해야만 한다. 그래야 지구와 인류의 에너지 손익 구조 모두 순이익 상태가 되면서 비로소 왜곡되었던 열역학적 구도를 바로잡을 수 있다. 만약 어떤 정책이 이들 목표 중 어느 하나에라도 반하는 결과를 가져온다면 왜곡된 열역학적 구도를 바로잡는 데에는 큰 도움이 되지 않는다.

대표적인 예로 대규모로 경작한 옥수수에서 얻어지는 에탄올로 원유를 대체하겠다는 미국 공화당의 에너지 정책을 들 수 있다. 대체 에너지로 에탄올을 도입했다는 점에서는 위에서 들었던 세 가지 목표 중 세 번째 목표를 달성하는 데 분명 성공했다. 그러나 옥수수 생산에 필요한 경작지를 넓히기 위해 들판과 숲을 잠식하며 기존의 건강하던 자연을 크게 훼손했다는 점에서 첫 번째 목표를 달성하는 데는 실패했다. 더구나 대체 연료를 도입했음에도 불구하고 화석연료의 소비량이 그만큼 줄어들지 않았으므로 두 번째 목표도 달성하지 못했다. 결과적으로 옥수수에서 원유를 대체할 에탄올을 생산하는 정책은 지구의 에너지 손익 구조를 개선하는 데 전혀 기여한 바가 없다. 단지 미국의 중동 석유에 대한 에너지 의존도를 낮춤으로서 국제 정세에서의 미국의 입지를 높이고, 동시에 옥수수 값의 폭등으로 중부 평원 지역 농민들의 주머니를 두둑이 채워 줌으로써 공화당의 정치적 입지를 확고히 했을 뿐이다.

이처럼 이들 세 가지 목표를 잣대로 하여 기존의 환경 정책과 에너지 정책들을 재평가해 보면 겉으로 내세우는 구호와는 달리 그 실효성이 그리 크지 않은 경우가 많다. 심지어 정반대 방향을 향해 나아가고 있는 경우도 많고, 겉으로 드러낸 초록빛 청사진 뒤로 정치적이

고도 경제적인 탐심이 숨어 있기도 하다. 그렇게 되면 마치 마라톤 주자가 엉뚱한 방향을 향해 최선을 다해 달리는 것과 같아진다. 자신에게 남겨진 얼마 안 되는 에너지를 소진해 가며 결승점에 도달하면 "다른 방향으로 다시 되돌아가라."라고 쓰인 팻말과 마주치게 될 것이 분명하다.

그렇다고 해서 우리가 이 세 가지 목표를 향한 노력을 전혀 하지 않은 채 나빠지는 상황을 그저 바라보고만 있었던 것은 아니다. 지금 이 순간에도 남아 있는 숲을 보호하고 훼손된 자연을 복원하려는 다양한 노력이 이루어지고 있으며, 대체 에너지를 개발하기 위한 연구 개발도 활발히 진행 중이다. 지난 1997년 체결된 교토의정서의 기본 방침에 의거한 각 나라의 화석연료 소비량 감축 노력도 한창이다. 하지만 수차례에 걸친 국제회의에도 불구하고 15년이 지난 지금도 교토의정서의 내용들이 정식 조약으로 발효되지 못한 채 제대로 이행되고 있지 않다. 이것만 보아도 알 수 있듯이 다양한 노력들이 그다지 큰 실효를 거두지 못하고 있는 것이 현실이다.

태양, 지구, 그리고 인류 사이의 왜곡된 열역학적 구도를 바로잡으려는 인류의 노력이 실질적인 결실을 맺지 못하는 데에는 더 근본적인 이유가 있다. 그것은 바로 인류의 전체 에너지 소비량이 너무 많다는 사실이다. 인류의 전체 에너지 수요가 워낙 크다 보니 화석연료 소비를 줄이려는 다양한 감축 노력이 별반 효과를 나타내지 못할 뿐만 아니라 화석연료를 대신할 다양한 종류의 대체 에너지가 개발되어도 이를 통한 대체 효과가 미미할 수밖에 없다. 게다가 식량을 포함한 각종 자연자원의 소비도 너무 많다 보니 자연을 보호하고 복원하려는 노력에도 불구하고 훼손되는 자연의 넓이가 이를 훨씬 앞서는 것이 현실이다.

따라서 자연 복원, 화석연료 소비 감축, 대체 에너지 개발의 다각적 해결책들이 결실을 보려면 무엇보다도 전체 에너지 수요를 줄이려는 노력이 우선되어야 한다. 그런데 그 모든 에너지 수요가 결국에는 평범한 사람들의 일상생활과 관련되어 창출된 것이라는 점에 주목할 필요가 있다. 각 개인이 소비하는 에너지양이 늘어난 결과가 모여 결국 인류의 전체 에너지 수요 증가로 나타나기 때문이다. 문제 해결의 열쇠는 우리 손에 쥐어져 있는 것이다. 따라서 에너지 수요를 줄이려는 노력도 우리 삶의 현장에서 이루어져야 한다.

그런데 정작 실천의 당사자인 우리 스스로 왜 그래야만 하는지 그 이유를 정확히 이해하고 있지 못하거나 잘못 이해하고 있다면 어떻게 되겠는가? 에너지나 환경 문제에 대한 피상적인 이해나 오해는 실효성 없는 행동과 잘못된 결과를 낳을 수 있다. 그렇게 되면 과학기술도 맥을 쓰지 못한다. 자칫 잘못하면 발전된 과학기술이 에너지 수요를 줄이는 데 쓰이기는커녕 오히려 소비를 늘이는 결과를 가져올 것이다.

따라서 누구나 문제의 원인과 대책을 제대로 이해하고 문제 해결의 관건이 무엇인지 정확하게 짚어낼 수 있어야 한다. 그러한 판단을 일부 소수의 전문가 집단에게만 맡겨 놓아서는 실질적으로 아무것도 이루어지지 않는다는 것을 명심해야 한다. 인류 전체의 정신 세계와 행동 양식에 일대 혁명과 같은 변화가 일어나지 않고는 에너지 대차 대조표 상에서의 큰 변화는 여간해서 기대하기 힘들다. 따라서 문제 해결을 위한 실천의 당사자는 다름 아닌 자기 자신이며 문제 해결에 실패할 경우 그 고통의 대가도 결국 자기 자신에게 돌아온다는 사실을 깊이 자각할 필요가 있다.

지구의 주요
에너지 수입원을
지켜라

⑬

한 시간 동안 지구 표면에 쏟아지는 태양에
너지는 전 인류가 일 년 동안 사용하는 에너지에 맞먹는 실로 어마어
마한 양이다. 하지만 그것을 어떤 형태로든 지구 상에 붙잡아 두지
못하면 아무짝에도 쓸모가 없다. 에너지 대차대조표를 순이익으로
가져가려면 우주로 되돌아가는 에너지를 지구에 붙잡아 두어야 하는
것이다.

지구의 표면은 70%는 바다, 30%는 육지이다. 육지에는 광합성
반응을 하는 온갖 종류의 풀과 나무들이 자라고 바다의 채광수역에
는 광합성 반응을 하는 식물성 플랑크톤과 바다 식물들이 자란다. 그
동안 지구에 쏟아지는 태양에너지를 붙잡아 들여 지구의 에너지 손
익 구조를 순이익으로 만드는 역할을 해 온 것이 바로 이 광합성 반

응을 하는 식물들이다. 광합성 반응으로 식물의 몸 속 화학에너지로 변환된 태양에너지 중 일부는 먹이사슬을 통해 동물들에게 분배되고 나머지는 모두 바다 밑과 토양 속에 차곡차곡 쌓인다. 이와 같이 훼손되지 않은 자연의 건강한 풀과 나무, 그리고 식물성 미생물들은 광합성을 통해 지구의 에너지 손익 구조를 순이익으로 만들어 주는 일등공신이자 지구의 주요 에너지 수입원이다. 만약 이들이 없었다면 지난 46억 년 동안 지구 상에서 일어났던 진화의 역사도 없었을 것이다.

그런데 현대에 들어와 훼손되지 않은 채 남아 있는 자연이 거의 없다고 해도 과언이 아닐 정도로 이들 식물이 덮은 지구 표면적이 크게 줄어들었다. 구글 어스google earth를 잠시 들여다보고 있어도 인류가 얼마나 많은 면적을 인공물, 농경지, 목초지로 잠식해 들어갔는지 금세 알 수 있다. 아스팔트와 콘크리트로 덮인 도시들 사이로 이리 저리 얽혀 있는 도로들이 그물망을 형성하고, 도시와 인접한 농경지들은 마치 살아있는 생물처럼 옆으로 퍼져 나가며 덩치를 키워가고 있다. 그 사이에 끼어 있던 훼손되지 않은 자연도 빠른 속도로 잠식되고 있다.

식량 생산을 위해 기존의 숲과 들판을 밀어 버리고 들어서는 경작지와 목초지도 지구에게는 에너지 순손실을 안겨 주는 주요 요인이다. 흔히 작물을 심거나 초지를 조성하면 결국 식물이 땅을 채우고 있으니 예전과 같다고 오해하기 쉽다. 그러나 지구의 에너지 손익을 계산하는 데 있어서 농경지와 목초지는 인공물과 크게 다르지 않다.

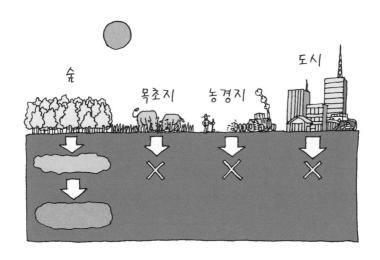

열대우림이나 온대삼림과 같이 식물이 자라는 훼손되지 않은 자연은 지구의 주요 에너지 수입원이다. 흔히 농경지나 목초지도 식물이 덮여 있기 때문에 지구의 에너지 수입원이라고 오해하기 쉬운데, 실제로 그곳에서 자라는 식물은 인간이 중간에 가로채 소비하기 때문에 지구에게는 에너지 수입원이 될 수 없다. 오히려 농경과 목축은 과거 오랜 세월 동안 표토에 저장되었던 유기물을 빼가기 때문에 지구의 에너지 지출을 야기한다.

포획해 들인 태양에너지를 지구에게 주는 것이 아니라 중간에서 인류가 가로채기 때문이다. 결국 숲을 훼손하고 들어선 농경지와 목초지는 지구의 에너지 수입을 줄이고 지출은 늘이는 결과를 초래한다. 더구나 작물의 경작 과정에서 이미 흙 속에 축적되어 있던 에너지까지 몽땅 빼앗아 가 버리면서 토양을 피폐하게 만들고 급기야는 사막화를 야기한다. 따라서 과도한 경작과 목축은 석탄과 석유를 캐는 것과 마찬가지로 지구에게서 에너지를 빼앗는 결과가 되어 결국 지구의 에너지 적자를 야기한다.

나무와 풀, 그리고 식물성 미생물로 뒤덮인 훼손되지 않은 자연만

이 지구의 주요 에너지 수입원이다. 이들이 점유하는 면적이 줄어든다는 것은 결국 지구의 에너지 수입이 감소한다는 것을 의미한다. 따라서 지구의 에너지 손익 구조를 순이익으로 되돌리려면 훼손되지 않은 자연의 면적을 최대한 넓혀 나가야 한다. 적어도 남아 있는 자연이 급속하게 잠식당하고 있는 작금의 추세에 제동을 걸어야 한다. 특히 적도 선을 따라 분포된 열대우림과 북위 60도 선을 따라 발달된 온대삼림을 훼손하는 것은 인류가 저지를 수 있는 가장 어리석은 실수이다. 이들 삼림은 지구 표면에서 가장 효율적으로 태양에너지를 포집해 들이는 영역으로 지구의 가장 중요한 에너지 수입원이기 때문이다.

그러나 인류는 인종과 국가를 가리지 않고 그나마 남아 있던 훼손되지 않은 자연을 빠른 속도로 잠식해 들어가고 있다. 지구촌 어느 곳에서나 거의 예외가 없다. 특히 지구에게 가장 큰 에너지 수입을 안겨 주던 두 개의 거대한 삼림 시스템인 열대우림과 온대삼림에서 일어나고 있는 변화는 가히 충격적이다. 밀림으로 덮여 있었던 아프리카 대륙의 허리 부분은 몇 개의 국제 보호구역만 남겨 놓은 채 대부분이 헐벗었고 아마존 유역의 열대우림은 대규모 농업과 목축업을 위해 이미 상당한 넓이의 지역이 경작지와 목초지로 바뀌었다. 동남아시아의 열대우림, 북유럽, 러시아, 알래스카 지역의 온대삼림에서는 대규모 벌목과 함께 지구온난화로 인한 고사가 진행되면서 삼림이 급속히 황폐화되고 있다. 캐나다의 거대한 온대삼림은 오일샌드를 채취하는 과정에서 대량으로 훼손되고 있다.

인류는 지구의 가장 주된 에너지 수입원이 빠른 속도로 망가지고 있는 현실을 심각한 위기로 받아들여야 한다. 이를 그대로 두면 지구의 에너지 지출을 줄이려는 우리의 어떤 노력도 결국에는 모두 물거품이 되고 말 것이다. 제아무리 지구의 에너지 지출을 줄인다고 해도 지구의 에너지 수입 자체가 적은 상황에서는 모든 노력이 헛된 것이 되어 버리기 때문이다. 마치 일자리를 잃어서 수입이 끊기면 지출을 줄이려는 어떤 노력에도 불구하고 결국에는 거리에 나앉게 되는 것과 같은 원리이다.

오늘날 지구의 현실은 인간의 근본적인 한계를 여실히 드러내고 있다. 눈앞에 보이는 당장의 이익에만 집착하여 앞으로 다가올 더 큰 것을 내다보지 못하는 인간의 범주착오적 한계를 말이다. 지금의 행동에 대한 결과가 결국에는 미래 세대의 발등을 찍게 될 것이라는 사실이 너무나 자명한데도 우리는 멈추지 못하고 있다. 멈추기는커녕 지금의 현실에 익숙해져서 그것이 별것 아닌 듯이 무감각하고 무관심하게 지나치고 있는지도 모르겠다.

재생가능에너지만이
진정한
대체 에너지이다

14

　　근현대에 들어와 기하급수적으로 성장한 인류 사회는 크게 두 가지 이유로 지구의 에너지 손익 구조를 순이익에서 순손실로 돌려놓았다. 첫 번째 이유는 앞에서 살펴본 것처럼 늘어나는 인구로 인해 주거와 활동, 산업, 농업, 목축업 등을 위한 토지를 확보하는 과정에서 방대한 넓이의 자연, 특히 숲을 훼손했기 때문이다. 두 번째 이유는 지난 수억 년에 걸쳐 지구가 땅속에 비축해 놓았던 석탄과 석유를 인류가 빠른 속도로 뽑아 썼기 때문이다. 이와 같은 이유로, 지구의 입장에서 보면 에너지 수입은 줄고 에너지 지출은 늘어나 결국 에너지 손익 구조가 순이익에서 순손실로 돌아서게 된 것이다. 따라서 지구의 에너지 손익 구조를 다시 순이익으로 되돌려 놓으려면 훼손된 자연을 원상태로 돌리는 노력뿐만 아니라 화석연료에서 손을 뗄 수 있는 가능한 모든 방법을 모색해야 한다. 그런데 화석연료에서 손을 뗀다는 것이 그리 간단하지가 않다. 그 이유를 살펴보자.

인류의 막대한 에너지 사용을 줄일 가장 확실한 방법은 단순히 화석연료의 사용을 중단하는 것이다. 하지만 이것은 현실적으로 결코 가능하지 않다. 전 세계 인구가 70억 명으로 늘어나고 경제 규모도 기하급수적으로 비대해지면서 인류가 필요로 하는 전체 에너지양이 화석연료 없이는 도저히 감당할 수 없을 정도로 증가했기 때문이다. 발전은 고사하고 현 상태를 그대로 유지하는 데만도 인류는 상상하기도 힘든 엄청난 양의 에너지가 필요하다. 만약 에너지를 제대로 공급받지 못하게 되면 인류의 에너지 손익 구조가 순손실로 돌아서면서 지금까지 이룩해 놓았던 성장과 발전의 결과물들이 갑자기 방향을 바꾸어 쇠락하고 퇴보하는 길을 걷게 되리라는 것은 열역학적으로 불을 보듯 뻔하다. 그러므로 누가 이를 흔쾌히 받아들이겠는가?

따라서 화석연료의 사용을 줄이려면 이를 대신할 다른 에너지원을 찾는 것이 시급하다. 우리는 이를 흔히 '대체 에너지'라고 부른다. 그러나 석탄과 석유가 아니라고 해서 무조건 진정한 대체 에너지라고 할 수는 없다. 흔히 '천연가스'라고 부르는 메테인가스가 대표적인 예이다. 석탄과 석유 공급이 에너지 수요를 충분히 따라가지 못하게 되자, 인류는 그 대안으로 막대한 양의 천연가스를 소비하기 시작했다. 천연가스는 석탄에 비해 방출되는 이산화탄소의 양이 절반 정도로 적어 석탄에 비해 온실가스가 줄어드는 효과가 있다. 하지만 천연

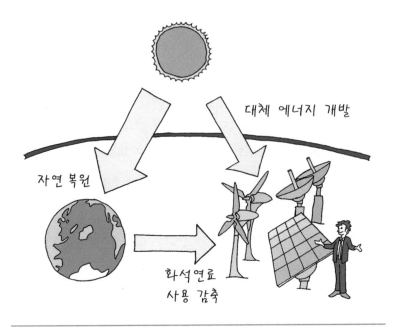

지속가능한 미래의 열역학적 우주관이다. 태양, 지구, 인류 사이의 왜곡된 열역학적 관계를 바로잡는 관건은 지구의 에너지 손익 구조를 현재의 순손실에서 원래의 순이익 상태로 되돌리는 것이다. 이를 위해서는 다양한 형태의 자연 복원을 통해 주요 에너지 수입원인 훼손되지 않은 자연의 면적을 늘리고 화석연료의 사용을 최대한 억제함으로써 지구의 주요 에너지 지출 요인을 줄여야 한다. 이를 위해서는 무엇보다 화석연료를 대신할 대체 에너지의 도입이 시급한데, 가장 이상적인 대체 에너지는 다름 아닌 태양에너지이다.

가스도 석유나 석탄처럼 지구가 땅속에 비축해 온 태양에너지나 다름없다. 지구의 입장에서는 이를 태우는 것도 여전히 에너지 지출에 해당한다. 결국 천연가스 사용은 온실가스를 줄이고 지구온난화를 늦추기는 하겠지만 지구의 에너지 손익 구조를 순이익으로 되돌리는 데에는 그다지 도움이 되지 않는다. 따라서 천연가스도 진정한 대체 에너지라고 볼 수는 없다.

화석연료를 대체할 수 있는 또 다른 에너지로 원자력을 들 수 있다.

원자력은 천연가스, 석탄, 석유 등과 달리 방사능 붕괴 반응을 통해 에너지를 얻기 때문에 이산화탄소가 전혀 발생하지 않는다. 따라서 지구온난화를 완화하는 데에는 분명 도움이 된다. 하지만 그렇다고 해서 원자력을 이상적인 대체 에너지로 볼 수는 없다. 원자력도 결국에는 지구가 가지고 있던 우라늄에서 에너지를 뽑아내는 것이기 때문에 지구의 입장에서는 원자력도 에너지 지출에 해당한다. 따라서 지구의 에너지 손익 구조를 개선하는 데에는 전혀 도움이 되지 않는다. 또 화석연료와 마찬가지로 에너지를 뽑아 쓰고 나면 그만큼의 쓰레기가 생겨 결국 화석연료를 쓴 것과 똑같은 결과가 된다. 더구나 이산화탄소는 광합성 반응을 통해 다시 생명으로 재생되지만 방사성 폐기물은 어떤 경로를 통해서도 재생될 수 없다. 따라서 화석연료를 원자력으로 대체하는 것은 임시방편이나 극약처방에 불과하다. 오히려 지금 당장 지구온난화를 막겠다는 명분으로 미래 세대에게 방사성 폐기물이라는 더 큰 문제를 물려주게 된다.

진정한 대체 에너지는 지구의 에너지 지출을 야기하지 않아야 한다. 가장 이상적인 방법은 지구를 통해 에너지를 건네받는 대신 우리 인간도 태양으로부터 직접 에너지를 포획하는 것이다. 마치 식물이 광합성을 통해 태양에너지를 포집하는 것처럼 말이다. 무엇보다 지구에 도달했다가 다시 우주로 나가버리는 에너지에 주목할 필요가 있다. 태양열, 풍력, 수력이 바로 그것이다. 이 세 가지 다른 형태의 에너지는 그 근원을 따져 보면 결국 모두 태양에너지가 다른 모습으로 바뀐 것에 불과하다. 이들 변형된 형태의 태양에너지는 쓰레기 문제에서 자유롭다. 에너지 생성 과정에서 만들어진 쓰레기를 이미 태양에 모두 남겨 두고 왔기 때문이다. 또한 태양에서 온 것이기 때문에 소진되지 않고 계속 채워진다는 특징이 있다.

이와 같은 특징을 가진 에너지로는 조력과 지열이 있다. 지열은 지구의 중심부에서 방사성 물질이 붕괴하면서 발생하는 열에너지를 말하며, 조력은 태양, 달, 그리고 지구 사이의 만유인력으로 인한 조수 간만의 차이에서 발생하는 운동에너지를 말한다. 태양열, 풍력, 수력, 지열, 그리고 조력, 이들 다섯 가지 형태의 에너지는 사용한 후에도 끊임없이 다시 채워질 뿐만 아니라 쓰레기를 남기지도 않는다고 하여 소위 '재생가능에너지'라고 부른다. 화석연료를 대신할 가장 이상적인 대체 에너지는 바로 이들 재생가능에너지인 것이다.

최근에는 바이오매스나 여기에서 추출한 바이오연료를 신재생에너지라고 이름 붙여 재생가능에너지에 포함시키기도 한다. 그러나 이를 진정한 대체 에너지로 볼 것인지에 대해서는 다소 논란의 여지가 있다. 태양열, 수력, 풍력, 조력, 지열은 인간이 활용하지 않으면 그대로 우주에 버려지는 에너지이다. 우리가 이들을 사용한다고 해서 지구의 에너지 수입이 줄지는 않는다. 하지만 식물이 광합성 반응으로 포획한 태양에너지는 결코 그렇지 않다. 우리가 중간에 가로채지만 않는다면 결국에는 지구에게 수익으로 돌아갈 몫이다. 따라서 식물이 포집한 태양에너지를 중간에 바이오 연료의 형태로 인간이 가로채 사용하는 것은 원칙적으로 농업이나 목축과 다를 바가 없다. 열역학적인 관점에서 볼 때 바이오매스나 바이오연료는 지구의 손익 구조를 개선하는 데 기여하는 바가 없기 때문에 진정한 의미의 대체 에너지라고 볼 수 없다. 다만 바이오매스나 바이오연료는 이산화탄소의 순 배출량을 줄여 지구온난화를 해소하는 데에는 비교적 크게 기여한다.

화석연료를 대신할 또 다른 대체 에너지로 수소가 거론되고 있다. 수소는 이미 1950년대부터 로켓의 동력을 얻기 위한 연료로 사용되었다. 그러나 로켓은 수소로부터 많은 양의 에너지를 매우 짧은 시간에 폭발적으로 뽑아 쓰기 때문에 에너지 변환 장치로는 그 용도가 매우 제한적이다. 하지만 연료전지라는 장치를 사용하면 수소에서 원하는 만큼의 에너지를 장시간에 걸쳐 지속적으로 뽑아 쓸 수 있다. 연료전지는 1960년대 달 탐사를 위한 아폴로 프로젝트에서 개발된 일종의 에너지 변환 장치로, 수소가 가진 화학에너지를 전기에너지로 바꾸어 주는 역할을 한다.

무게가 극히 가벼운 수소는 다른 에너지원과 비교할 때 단위무게당 가장 많은 양의 에너지를 공급한다. 더구나 수소에서 에너지를 뽑아 쓰고 나면 물만 남기 때문에 쓰레기 문제에서 자유롭다. 그래서 수소를 '깨끗한 연료'라고 부르기도 한다. 수소는 화석연료를 대신할 수 있는 대체 에너지로서 여러 면에서 상당히 매력적인 것처럼 보인다. 하지만 자세히 들여다보면 꼭 그렇지만도 않다.

수소를 대체 에너지로 사용하는 데 있어서 관건은 어떤 과정을 거쳐 수소를 손에 넣느냐에 달려 있다. 다른 에너지원과 달리 수소는 지구 상에 존재하는 물질이 아니기 때문이다. 다른 물질로부터 수소를 만드는 과정에서 만약 화석연료가 소비되어야 한다면 수소는 대체 에너지로서의 가치를 상실하게 된다. 수소가 대체 에너지로서의 역할을 하려면 이를 생산하는 과정에서 사용되는 에너지는 반드시 재생가능에너지여야 한다. 태양열 발전기로 생산한 전기에너지로 물을 전기분해하여 수소를 생산하고 그렇게 얻어진 수소를 따로 저장해 놓았다가 필요할 때마다 연료전지를 이용해 전기로 뽑아 쓰는 경우가 좋은 예이다. 따라서 수소는 태양열이나 풍력과 같은 다른 종류의 재생가능에너지를 한동안 저장해 두기 위해 사용하는 일종의 중간 매체로 활용할 수는 있어도 그 자체가 진정한 대체 에너지라고 할

지구의 에너지 손익 구조를 감안할 때 화석연료를 대신할 가장 이상적인 대체 에너지는 지구에 쓰레기를 남기지 않을 뿐만 아니라 계속 써도 다시 채워지는 재생가능에너지이다. 현재 우리가 현실적으로 활용할 수 있는 진정한 의미의 재생가능에너지로는 태양열, 수력, 풍력, 지열, 조력이 있다.

수는 없다.

　결국 화석연료를 대신할 수 있는 진정한 의미의 대체 에너지는 태양열, 풍력, 수력, 지열, 조력의 다섯 가지 재생가능에너지에 국한된다. 그럼에도 불구하고 이들 재생가능에너지를 끌어들여 활용하는 능력에 있어서 인류는 아직도 걸음마 단계에 머물러 있다. 과학기술이 왜 중요한지 그 이유가 바로 여기에 있다. 그동안 인류가 지속적으로 확장해 온 과학기술은 재생가능에너지의 활용을 극대화함으로써 화석연료를 대체하고 지구의 손익 구조를 순이익으로 돌려놓을 수 있는 방안을 모색하는 데 활용되어야 한다. 인류가 그동안 발전시켜 온 과학기술이 드디어 우리 자신을 구원할 절호의 기회를 찾은 것이다. 아이러니한 것은 그동안은 주로 어떻게 하면 화석연료를 효과적으로 사용하느냐에 관심을 두었지만 앞으로는 화석연료로부터 어떻게 하면 손을 뗄 것인가에 과학과 기술이 온 힘을 쏟게 될 것이라는 점이다.

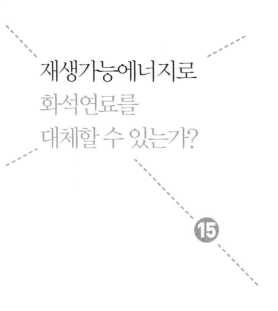

재생가능에너지로
화석연료를
대체할 수 있는가?

⑮

인류가 사용하는 막대한 양의 화석연료를 가까운 미래에 재생가능에너지만으로 모두 대체할 수 있을지에 대해서는 아직 의문의 여지가 많다. 현실적으로 넘어야 할 산들이 그리 녹녹치만은 않기 때문이다.

재생가능에너지를 활용하려는 기술적 노력은 이미 오래전에 시작되었다. 바로 수력 발전을 통해서이다. 한때는 전기에너지를 쉽게 얻을 수 있는 수력 발전소 주변으로 화학, 철강, 제조업 등이 발전하고 사람들이 몰려들면서 대도시가 형성되기도 했다. 1930년대 미국 콜로라도 강에 건설된 세계 최대 규모의 후버댐과 1900년대 초부터 뉴욕 주의 나이아가라 유역에 들어서기 시작한 거대한 규모의 수력 발전 시설이 대표적인 예이다. 원래 조그마한 소도시였던 로스앤젤레스 시는 후버댐의 수력 발전으로 생산된 풍부한 전기에너지를 소비하면서 지금의 거대 도시로 성장했고 뉴욕 버펄로 시 인근은 전기에너지를 싼 값에 쓰기 위해 모여든 수많은 기업들로 거대한 제조업 중심지로 발전했다. 이와 같이 수력 발전으로 생산한 전기에너지는 경제 발전의 중요한 원동력이었고 아직도 우리가 사용하는 전기에너지 생산의 상당 부분을 담당하고 있다.

하지만 이제 거의 모든 최적지에 수력 발전소가 들어선 것이나 다름없어서 수력 발전을 통한 재생가능에너지의 점유율을 높일 여력은 그리 크지 않다. 현재 인류가 소비하는 전체 에너지 사용량에서 재생가능에너지가 차지하는 비중은 약 5분의 1에 불과한데 그 대부분이 수력 발전에 집중되어 있다. 따라서 재생가능에너지의 비중을 큰 폭으로 높이려면 나머지 태양열, 풍력, 지열, 조력의 점유율을 대폭 확대하는 수밖에 없다. 최근에는 태양열을 직접 활용하기 위해 태양전지, 태양광 집열기 등을 이용한 태양광 발전 기술이 이용되고 있다. 하지만 아직도 태양에너지를 전기에너지로 전환하는 효율이 10%대에 머물러 있고 발전 시설의 설치 비용도 너무 크다. 똑같은 양의 에너지를 얻는 데 드는 비용이 풍력이나 원자력의 4배에 달해 일반 대중들에게까지 널리 보급되기에는 아직 경제적 부담이 크다.

무엇보다도 태양빛을 직접 받아들이는 방식은 넓은 지상 면적을 점유해야만 하는 근본적인 문제점을 안고 있다. 예를 들어 똑같은 양의 전기에너지를 얻는다고 할 때 태양광 발전소는 원자력 발전소의 40배에 달하는 토지를 필요로 한다. 풍력 발전소가 원자력 발전소의 10배의 면적을 필요로 하는 것과 비교해도 차지하는 면적이 너무 넓다. 국토 면적이 작은 우리나라에서 이것은 큰 걸림돌일 수밖에 없다. 태양 에너지를 사용하기 위해 기존의 건강한 자연을 잠식해야 한다면 결국 지구의 에너지 손익 구조에는 아무런 이득이 없기 때문이다.

만약 도시 근처에 사막이나 불모의 암석 지대 같은 넓고 쓸모없는 땅이 있다면 태양광 발전소가 들어서기에 그나마 최적의 입지 조건을 갖추었다고 할 수 있다. 하지만 우리나라와 같이 그런 장소가 없는 경우에는 이미 들어서 있는 인공물을 적극적으로 이용하는 방법을 모색할 필요가 있다. 인공물을 활용한 각 개인의 소규모 자가 발전을 통해 기존 대형 발전소의 전력 생산 부담을 대체해 나가는 방식이다. 얼핏 생각하면 그게 뭐 대단할까 싶겠지만 마치 작은 개미 한두 마리가 모여 떼를 이루면 엄청난 힘을 보이는 것처럼 개인들의 자가 발전이 가져올 결과는 결코 미미하다고 할 수 없다. 다음daum 지도 서비스를 통해 지붕들이 깨알 같이 다닥다닥 붙어 있는 서울의 주택가를 한 번 내려다보라. 얼마나 넓은 면적의 죽은 공간이 태양에너지를 끌어들이는 데 활용될 수 있는지를!

최근 태양에너지의 또 다른 모습인 풍력에 대한 관심도 부쩍 늘어나고 있다. 풍력 발전은 태양광 발전보다는 점유해야 할 지상 면적이 넓지 않고 유체역학을 통한 효율 향상도 쉽게 기대할 수 있다. 하지만 특정 방향으로 지속적인 바람이 불어야 하고, 넓은 수직 공간을 점유한다는 문제점을 안고 있다. 이와 같은 어려운 입지 조건 때문에 현재는 주로 대형 풍력 발전소 위주로 투자가 이루어지고 있다. 하지만 이

역시 앞으로는 태양광 발전과 마찬가지로 이미 들어서 있는 인공물을 활용한 소규모 자가 발전을 통해 해결책을 모색할 필요가 있다.

현재의 기술 수준으로 보았을 때 태양열과 풍력을 통해 전기에너지를 생산하는 데에는 큰 문제가 없다. 그러나 태양열과 풍력을 통해 재생가능에너지의 점유율을 높이는 데에는 근본적인 장벽이 가로막고 있다. 수시로 변하는 기상의 영향을 크게 받다 보니 에너지 공급 패턴이 매우 불안정하고 예측마저 불가능하다는 점이다.

지난 2011년 9월 우리나라 각지에서 발생한 대규모 정전 사태를 돌이켜 보면 이 문제를 쉽게 이해할 수 있다. 당시 뉴스에 보도된 "예비전력량이 적어도 6%대는 유지되어야 한다."라는 말은 현재 우리가 사용하고 있는 전력망의 특성상 이 한계치를 넘어서면 대규모 정전사태가 불가피하다는 것을 의미한다. 그렇다 보니 태양력과 풍력의 점유율이 전체 전기에너지 공급량의 대략 10% 이상을 차지하는 경우, 갑작스런 기상 변화는 곧바로 대규모 정전 사태로 이어질 수 있다. 따라서 기존의 전력망을 그대로 사용하는 한 태양열과 풍력을 이용한 전기에너지 생산은 총에너지 공급량의 10% 이상을 넘어서기 힘들다.

태양열과 풍력의 점유율을 10% 이상으로 끌어올리려면 지금까지 사용해 왔던 기존의 전력 공급 방식을 바꾸어야 한다. 그래서 제시된 새로운 전력 공급 방식이 소위 '지능형 전력망smart grid'이다. 기존의 방식이 한 방향 공급 방식이라면 지능형 전력망은 쌍방향 공급 방식이다. 과거에는 전기에너지를 사서 쓰던 개인이 이제는 태양광 발전기와 풍력 발전기를 설치하여 자기 스스로 전기에너지를 생산하면서 이를 각 가정에 설치된 저장 장치에 비축해 두었다가 시장에 내다 팔 수 있게 된다. 즉 각 개인은 에너지가 부족하면 전력망으로부터 에너지를 사들였다가 남으면 이를 다시 전력망에 되팔 수 있게 된다. 해당 지역의 중앙 발전소는 전체 현황을 관리하면서 전력망에 걸리는 과수요나 공급 부족을 보정한다. 필요하면, 전체 수요와 공급의 균형을 유지하기 위해 소비자의 저장 장치로부터 웃돈을 지불하고 필요한 전력을 구매하여 전력망에 보급할 수도 있다. 그렇게 하면 태양광 에너지와 풍력 에너지의 점유율을 10% 이상 끌어올리는 것이 가능해진다. 적어도 이론적으로는 그렇다. 이와 같은 쌍방향 전력망을 실현하려면 무엇보다도 전력망에 접속된 모든 수요자와 공급자의 에너지 수급 현황이 중앙에서 실시간으로 관리되어야 하는데, 이는 고도로 발달된 정보기술IT을 통해서만 가능하다.

지능형 전력망은 기존의 한 방향 전력망과도 분리하여 운영해야 하므로 고립된 지역이나 비교적 규모가 작은 자치 단위의 중소 도시에 적합하다. 미국, 캐나다, 유럽, 일본과 같이 지방자치제가 잘 정착되어 있는 나라에서는 각 지역공동체 단위의 소규모 발전소를 중심으로 어렵지 않게 이 방법을 실현해 볼 수 있다. 하지만 우리나라와 같이 인구의 대부분이 몇 개 대도시에 집중되어 있는 나라에 적용하기에는 아직도 넘어야 할 산이 많다.

태양열과 풍력의 불안정성을 보완할 또 하나의 방안은 일단 대용량 저장 장치에 에너지를 저장해 두었다가 필요할 때 뽑아 쓰는 방법이다. 수력 발전에서는 이미 이 개념을 적용해 전기가 남아돌 때 높은 곳에 위치한 저류조에 물을 퍼올려 놓았다가 전기가 모자랄 때 물을 아래로 방류하면서 추가로 전기를 얻는 방법을 사용한다. 이를 양수 발전이라고 한다. 태양광이나 풍력 발전의 경우에도 생산된 전기를 일단 거대한 전기에너지 저장 장치 배터리에 저장해 놓았다가 필요에 따라 사용하면 안정적이고 예측 가능하게 공급할 수 있다. 문제는 개인이나 가정용의 작은 용량을 위해서는 기존의 자동차에 사용되는 12볼트 납축전지나 전기자동차의 리튬이차전지를 저장 장치로 사용할 수 있지만 중소 도시 규모의 큰 용량을 위한 에너지 저장 장치는 아직도 연구 단계에 머물러 있다는 것이다.

수소 기체를 에너지의 중간 매개체로 하여 태양광이나 풍력 발전기로부터 생산된 전기에너지를 저장하는 방법도 연구되고 있다. 이 방법은 전기 수요가 적은 낮에는 태양열이나 풍력으로 생산한 전기에너지로 물을 전기분해하여 수소를 따로 저장해 놓았다가 밤이 되어 전기 수요가 증가하면 연료전지를 사용하여 모아 놓은 수소 기체로부터 전기에너지를 뽑아 사용하는 것이다. 하지만 이 방법도 폭발성이 강한 수소 기체를 안전하게 보관할 적절한 저장 장치를 개발하는 단계에서 벽에 부딪혀 있다.

변덕스러운 기상 상황에 의해 큰 영향을 받을 수밖에 없는 태양열이나 풍력과는 달리 조력을 이용한 발전은 비교적 공급 패턴이 안정적이고 예측도 가능하다. 하지만 입지 조건이 맞는 곳이 많지 않고 발전 시설의 건설과 관리에 많은 비용이 소요된다는 문제점을 안고 있다. 우리나라의 경우 조수 간만의 차이가 큰 서해안에 대규모 조력 발전소 건설을 추진하고 있어서 그 추이가 주목된다.

지열을 활용하는 기술은 이미 오래전부터 아이슬란드나 핀란드 같은 북유럽 일부 국가들에서 널리 사용되고 있다. 하지만 지열을 쉽게 뽑아 쓸 수 있는 장소가 지각 판들이 서로 마주치는 경계선 상에 주로 밀집되어 있어 비교적 안정한 지각 위에 위치한 우리나라는 지열을 활용할 수 있는 입지 조건이 좋지 않다. 더구나 땅속 깊은 곳까지 굴착해야 하기 때문에 고도의 기술과 비용이 소요된다. 우리나라와 같이 비교적 안정된 지질 구조를 가지고 있는 경우에는 땅속 깊은 곳의 지열보다는 오히려 태양열로 인해 달구어진 지표면의 열을 활용하는 것이 더욱 현실적이다. 기존의 넓은 경작지나 목초지를 활용하여 지하공간으로 파이프를 설치하고 열교환 방식으로 지열을 뽑아 활용하면 상당한 에너지 대체 효과를 볼 수 있다. 하지만 전기에너지로의 전환이 어렵기 때문에 전체 에너지에서 차지하는 점유율을 높이는 데에는 한계가 있다.

최근에는 주변에서 무심코 버려지는 에너지를 잡아들여 재활용하려는 다양한 시도가 이루어지고 있지만 아직은 연구 단계에 머물러 있다. 예를 들어 바다에 부유 구조물을 띄워 파도에 숨어 있는 운동에너지를 전기에너지로 전환한다든지 사람이나 차량으로 혼잡한 도로의 진동에너지를 전기에너지로 전환하는 등의 새로운 방법에 대한 연구가 눈길을 끈다. 하지만 단기간 내에 인류가 사용하고 있는 엄청난 양의 화석연료를 대체하기에는 역부족이다.

이처럼 과학기술의 발전에도 불구하고 인류가 지구를 거치지 않고 태양에서 오는 에너지를 직접 수확하는 일은 생각만큼 쉽지 않다. 열역학적으로 보았을 때 화석연료를 재생가능에너지로 대체하는 것이 왜곡된 열역학적 구도를 바로잡는 최선책임에는 틀림없다. 그러나 문제는 화석연료에 대한 인류의 의존도가 너무 높고, 이미 너무 막대한 양의 에너지를 사용하고 있다는 점이다. 그래서 인류가 사용하고 있는 엄청난 양의 에너지를 가까운 미래에 모두 재생가능에너지로 대체할 수 있을 것이라는 전망은 지극히 현실성이 떨어져 보인다.

재생가능에너지가 화석연료를 대신할 가장 이상적인 대체 에너지임에는 틀림이 없지만 많은 문제점들이 재생가능에너지로의 전환을 가로막고 있다. 지속적인 발전으로 앞을 향해 질주하던 인류는 에너지 문제로 인해 지금 진퇴양난의 딜레마에 처해 있다.

모든 문제는 인류의
폭증한 에너지 수요에서
시작되었다

16

　　재생가능에너지의 사용을 지속적으로 확
대하는 데 있어 극복해야 할 가장 큰 걸림돌은 당면한 에너지 문제에
대한 우리 자신의 안일한 인식과 에너지 자원에 대한 탐욕을 부추기
는 불완전한 경제 패러다임이다. 화석연료에서 손을 뗄 수 없도록 발
목을 붙들고 있는 것은 어쩌면 우리 자신의 '낙관하는 뇌'인지도 모
른다.

　　"과연 재생가능에너지의 사용을 확대하면 화석연료의 사용이 줄어
들 것인가?"에 대해서는 아직 의문의 여지가 많다. 현재와 같은 상황
에서는 재생가능에너지의 사용을 확대함으로써 화석연료의 사용이
줄어들기는커녕 오히려 전체 에너지 사용량만 늘어날 가능성이 더
커 보인다. 과거 원자력의 사용을 확대한 경우가 그랬다. 원자력 발

전소 건설로 화석연료 소비를 줄일 수 있는 여지가 충분했지만 실제이를 실천에 옮긴 나라는 없었다. 오히려 전체 에너지 공급량만 늘어나면서 에너지 가격은 떨어지고 에너지 소비량은 더 크게 늘어났다. 결과적으로 인류의 전체 에너지 사용량과 함께 화석연료의 소비량도 지속적으로 늘어만 갔다.

화석연료를 대신할 대체 에너지를 개발하는 것은 매우 시급하고도 중요한 문제임에는 틀림없다. 그러나 대체 에너지를 사용하는 비율은 늘어나는데 정작 화석연료의 소비량은 줄어들지 않는다면 그것은 진정한 의미의 '대체'가 아니다. 인류의 에너지 수요가 늘어나는 데 따른 부족해진 에너지만 대체 에너지로 충당하는데 그친다면 그것은 당장의 위기를 모면하기 위한 임시방편에 불과할 뿐, 결코 고갈되는 자원과 늘어나는 쓰레기 문제를 해결하는 근본 대책이 될 수 없다.

그래서 지난 1992년 교토의정서에 등장한 개념이 화석연료 사용량_{이산화탄소 배출량과 동일한 개념}의 상한선을 정하고 그 이상을 필요로 할 때에는 금전적으로 대가를 치르도록 하자는 소위 'cap and trade' 방식이다. 하지만 각 국가들 사이의 첨예한 입장 차이와 의견 대립으로 그 내용의 실질적인 실천은 오늘날까지도 계속 미뤄지고 있다.

화석연료의 사용량만을 제한하는 것에 대해서도 그토록 많은 정치적, 경제적 걸림돌이 가로막고 있는 것을 보면 에너지에 대한 인류의 탐욕은 끝이 없어 보인다. 현재로서는 사용 가능한 석탄과 석유가 없어질 때까지 지금과 같은 에너지 수요의 증가 추세가 그대로 이어질 것이 거의 확실해 보인다. 화석연료의 가격이 도저히 감당이 안 될 정도로 비싸질 때까지 아마도 화석연료에서 재생가능에너지로의 실질적인 전이는 실현되지 않을 공산이 더 크다.

그렇다고 해서 재생가능에너지로의 실질적인 전이를 느긋하게 기다리고만 있을 수는 없다. 석탄, 원유, 가스, 우라늄 등 거의 모든 에너지 자원이 생산량 정점에 이미 도달했거나 도달 직전에 와 있고 에너지를 뽑아 쓰고 남긴 쓰레기로 인한 환경 문제도 더 이상 감내하기 힘든 지경에 이르렀기 때문이다. 공기, 물, 토양의 오염으로 파괴된 지구는 이곳저곳에서 흉측한 모습을 드러내기 시작했고, 대기의 조성마저 바뀌어 극심한 기상 이변을 초래하고 있다.

이처럼 최근 들어 부쩍 심하게 드러나기 시작한 지구의 망가진 모습은 마치 암세포와 같다. 그런데 참으로 개탄스러운 것은 멈추지 않고 사방으로 빠르게 증식해 나가는 암세포가 다름 아닌 우리 자신, 즉 인류라는 사실이다. 지구의 건강한 자연을 잠식해 들어가며 사방으로 자신의 영역을 넓혀 나가는 모습이나 지구에서 파낸 에너지 자원을 게걸스럽게 소비하며 뒤에 남긴 쓰레기로 자신이 지나간 영역을 온통 망쳐놓는 모습은 암세포가 하는 행동과 영락없이 닮아 있다.

인류가 그러한 파괴적인 결과를 초래하게 된 것은 바로 에너지에 대한 끝없는 탐욕 때문이다. 왜 그토록 많은 에너지를 필요로 하게 된 것일까? 여기에는 크게 두 가지 직접적인 요인이 작용했다. 하나는 한 사람이 사용하는 에너지양이 이를 '일인당 에너지 사용량'이라고 한다. 크게 늘어났기 때문이고, 다른 하나는 세계의 인구가 무려 70억

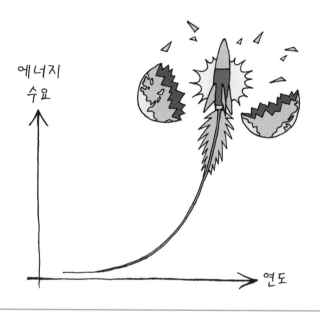

기하급수적으로 늘어난 인구와 역시 기하급수적으로 증가한 일인당 에너지 소비량의 두 요인이 중첩되면서 인류의 에너지 수요는 폭발적으로 증가했다. 폭증한 에너지 수요로 인해 야기된 많은 골칫거리들 중 가장 심각한 문제는 우리의 생활 터전인 지구의 생태계가 무너져 내리는 현상이다.

명이라는 엄청난 숫자로 급격하게 불어났기 때문이다. 일인당 에너지 사용량과 세계 인구를 곱하면 인류가 필요로 하는 전체 에너지양이 나오는데 지난 한 세기 동안 이 수치가 급격한 상승 곡선을 그리며 기하급수적으로 증가했다. 물론 일인당 에너지 사용량이 급증한데에는 과학기술의 발달도 한몫을 했다.

자원이 고갈되고 쓰레기가 쌓이는 현상은 그저 증상에 불과할 뿐 정작 원인은 폭증한 인류의 에너지 수요에 있다. 오늘날 인류가 안고 있는 많은 골칫거리는 스스로 자초한 것이나 다름없다. 병을 완치하려면 환자의 증상을 완화하기 보다는 근본적인 원인을 찾아 제거해야 하는 것처럼 에너지 문제의 근본적인 해법은 문제의 발단에서 찾아야 한다. 결국 해결의 실마리는 급증한 일인당 에너지 사용량과 늘어난 세계 인구로 인해 촉발된 방대한 양의 에너지 수요를 어떻게 하면 줄일 것인가에서 찾아야 한다.

에너지 수요가
폭증한 데에는 사회의
높은 온도가 한몫한다

17

에너지 문제를 정확히 이해하려면 에너지 수요가 급증한 이면에 몇 가지 열역학적인 요인들이 작용하고 있다는 사실을 짚고 넘어갈 필요가 있다. 그래야만 에너지 자원을 최대한 효율적으로 사용하기 위해 우리의 사고방식과 행동 양식이 어떤 방향으로 나아가야 하는지를 제대로 판단할 수 있다.

우리는 일상적 경험을 통해 무질서한 정도가 심하면 심할수록 이를 다시 질서정연한 상태로 되돌리는 데 더 많은 에너지가 소비된다는 사실을 알고 있다. 쓰레기가 어지럽게 널려 있는 엔트로피가 아주 높은 방과 이미 깔끔하게 정리되어 있는 엔트로피가 낮은 방 중 어느 하나를 선택하여 청소하라고 하면 당신은 어느 쪽을 선택하겠는가? 이 경우는 외부로부터 차단된 채, 자신이 가진 에너지만으로 방을 치워야 하는 상황을 가정하고 있다. 따라서 대부분은 이미 깨끗이 정리되어 있는 엔트로피가 낮은 방을 선택할 것이다. 굳이 에너지를 소비해 가면서 엔트로피를 더 낮출 필요가 없기 때문이다. 이를 수학적으로 표현하면 "자신이 가진 에너지를 아끼기 위해 엔트로피, 즉 ΔS 값이 작은 경우를 선택한다."라는 의미가 된다.

이처럼 "얼마나 질서정연해지는가(ΔS)?"와 "얼마만큼의 에너지를 썼는가(ΔE)?"가 밀접하게 연관되어 있다는 사실을 우리는 잘 알고 있다. 그렇다면 이 둘 사이에는 어떤 관계가 성립할까? 다음의 열역학 관계식에서 그 단서를 찾을 수 있다.

$$\Delta G = \Delta H(\text{엔탈피 항}) - T\Delta S(\text{엔트로피 항})$$

자발적인 변화의 조건: $\Delta G < 0$

(ΔG: 깁스에너지 변화량, T: 절대온도)

이 식은 어떤 주어진 변화가 자발적인지 아니면 비자발적인지를 엔탈피와 엔트로피라는 두 열역학적 요인으로 검증하는 데 사용된다. 어떤 변화가 자발적으로 일어나려면 ΔG의 값이 0보다 작아서 마이너스 값이 되어야 한다.

엔탈피 ΔH는 앞에서 이미 소개했던 'ΔE=열＋일'이라는 열역학 수식에서 '열'에 해당하는 부분이다 ΔH=열＝ΔE-일. 우리는 이를 흔히 '열량'이라고도 부른다. 엄밀한 의미에서 에너지 ΔE와 엔탈피 ΔH는 서로 다른 값을 갖지만 폭발이나 연소 등과 같이 많은 양의 기체가 발생하는 경우가 아니라면 그 차이는 크지 않다. 따라서 부피 팽창에 의한 일이 크게 관여하지 않는 대부분의 경우 편의상 '엔탈피'를 '에너지'와 동일한 개념으로 이해해도 큰 무리는 없다.

우리가 흔히 "에너지를 잃어버리면서, 동시에 무질서해지는 방향이 자발적이다."라고 말할 때, 이 표현 속에는 바로 위 관계식에 나타나는 엔탈피 항과 엔트로피 항을 지칭하는 표현이 모두 숨어 있다. '에너지열량'란 엔탈피 항을 나타내고 '무질서'는 엔트로피 항을 지칭한다.

그렇다면 외부로부터 에너지를 들여오지 않고 자기 스스로 질서를 창출하려면 최소한 얼마만큼의 에너지가 필요한지 구해 보자. 다음과 같이 위 식을 몇 단계로 전개해 보면 이를 쉽게 얻을 수 있다.

어떤 변화가 자발적으로 일어나려면 $\Delta G < 0$ 이어야 한다.

따라서 $\Delta H - T\Delta S < 0$

즉 $\Delta H < T\Delta S$ 이다.

여기서 질서가 창출된다는 것은 $\Delta S < 0$ 이고, 절대온도 T는 항상 양의 값이므로, $\Delta G < 0$ 이라는 조건을 만족하려면 ΔH도 음수이어야 한다. 즉 ΔS와 ΔH는 모두 음수 값이다.

따라서 │엔탈피 항(ΔH)│ > │엔트로피 항($T\Delta S$)│ 이다.

위 전개 과정에서 얻은 마지막 조건식은 "자발적으로 질서를 창출하려면 최소한 엔트로피 항에 해당하는 만큼의 열량이 필요하다."라는 의미를 내포하고 있다. 그런데 이 엔트로피 항이 단순히 '엔트로피의 변화량ΔS'만으로 되어 있는 것이 아니라 여기에 온도T가 곱해져 있다는 점에 주목할 필요가 있다. '얼마만큼의 질서정연함을 실현하느냐'는 '엔트로피의 변화량ΔS' 값에 의해서 결정되지만 이를 위해 '얼마만큼의 에너지를 필요로 하느냐' 하는 것은 엔트로피의 변화량ΔS뿐만 아니라 온도T에 의해서도 좌우된다는 것을 알 수 있다. 비록 똑같은 정도의 질서정연함을 실현하더라도, 다시 말해 동일한 '엔트로피 변화량ΔS' 값을 갖더라도 온도가 높으면 높을수록 엔트로피 항$T\Delta S$의 크기가 커지면서 더 많은 에너지를 필요로 하게 되는 것이다. 여기에서의 온도는 '카르노 기관'의 효율을 나타내는 식, '1-(T_C/T_H)'에서 heat sink의 온도인 T_C에 해당한다는 사실에 주목하라. 다시 말해 온도가 올라가면 효율이 낮아진다는 뜻이다.

현대인들의 일인당 에너지 소비량이 급증한 데에는 바로 이 '온도'의 요인이 크게 작용하고 있다. 그렇다면 온도란 사회적으로 어떤 의미를 가지고 있을까? 여기에서 온도란 단순히 차갑고 뜨거운 것만을 의미하지 않는다. 열역학적으로 온도란 운동에너지의 크기를 나타내는 척도이다. 예를 들어 차가운 컵에 뜨거운 물을 부으면 컵을 이루고 있는 고체 입자들에 어떤 변화가 일어나는지 생각해 보라. 컵의 온도가 올라가면 운동에너지가 높아지면서 입자들이 이리저리 서로 몸을 부딪치며 활발하게 진동 운동을 한다. 더운 여름날 찜통 같은 교실 안의 풍경을 상상해 보라. 겨울이면 제자리에 얼어붙은 채 꼼짝도 하지 않을 학생들이 단추를 풀어헤치고 연신 땀을 닦으며 이리저

$T_1 < T_2$

열을 가하면 입자들의 운동에너지가 증가하면서 움직임이 활발해지는 것처럼 우리가 사는 사회도 온도가 올라가면 주변에서 일어나는 모든 변화의 속도가 빨라지는 것을 관찰하게 된다. 음속을 능가하는 제트기, 질주하는 자동차, 정신없이 돌아가는 도시 생활의 다양한 면모들은 모두 우리 사회가 과거에 비해 온도가 높은 상태에 도달해 있다는 것을 보여 준다. 이와 같이 온도가 높은 상태를 질서정연하게 유지하려면 어디에선가 엄청난 양의 에너지가 유입되어야 하는데 그동안 이를 공급해 온 것이 바로 화석연료인 석탄과 석유이다.

리 부채질에 여념이 없을 것이다. 온도가 올라가면서 모든 것들의 움직임이 빨라지고 쉽게 산만해지는 것을 알 수 있다. 이때 모든 움직임이 분주해지는 이유는 온도가 올라가면서 운동에너지가 늘어나 속도가 빨라졌기 때문이다. 이때 속도는 다음 관계식에 따라 운동에너지와 연관된다.

$$운동에너지 = 1/2 \times 질량 \times (속도)^2$$

따라서 온도가 높아지면 운동에너지가 증가하고, 그 결과 주변 모든 것들의 움직임이 빨라지는 현상이 관찰된다. 이러한 원리는 사회 현상에도 그대로 적용할 수 있다. 만약 주변에서 관찰되는 제반 사회 현상의 속도가 빨라졌다고 느낀다면, 그것은 곧 그 사회의 전체 운동 에너지가 크다는 것을 의미하며 이는 자신이 속해 있는 사회의 온도 가 높다는 것을 반증한다.

과거와 비교해 보았을 때 우리는 지금 확실히 모든 면에서 속도가 빨라진 사회에 살고 있다. 열역학적인 관점에서 보면 이는 과거에 비 해 사회의 온도가 크게 높아져 있다는 것을 의미한다. 결과적으로 우 리 사회의 질서정연한 상태를 실현하기 위해 필요로 하는 최소한의 에너지를 나타내는 엔트로피 항의 크기, 즉 $|T\Delta S|$ 값도 크게 늘어 나 있다는 것을 알 수 있다. 오늘날 우리 사회가 필요로 하는 에너지 수요가 큰 폭으로 증가한 데에는 바로 이와 같은 열역학적인 이유가 숨어 있다. 사회의 온도가 낮았던 과거에는 조금의 에너지로도 질서 를 유지할 수 있었지만 온도가 높아진 지금은 똑같은 정도의 질서를 유지하는 데에도 훨씬 많은 에너지를 필요로 하게 된 것이다.

에너지 수요가
폭증한 데에는 구성원들의
빠른 속도가 한몫한다

18

외부에서 끌어들인 에너지로 최대의 질서를 창출하려면 가능한 많은 양의 에너지를 '유용한 일'로 전환하는 것이 유리하다. 그 이론적인 최대치를 나타내는 것이 바로 앞에서 소개했던 열역학 관계식에서 나타난 깁스에너지, 즉 ΔG 값이다.

이 식은 다음과 같은 구조를 가지고 있다.

깁스에너지 변화량(ΔG)

= 엔탈피 항(ΔH) − 엔트로피 항($T\Delta S$)

= 방출된 열(ΔH) − 무질서해지는 데 소요된 열($T\Delta S$)

= 열을 유용한 일로 변환할 수 있는 이론적 최대치

위 식에서 엔탈피 항 ΔH값은 에너지원이 얼마나 많은 에너지를 열로 방출했는지를 나타낸다. 그런데 대부분의 경우 열을 방출하는 과정에서 에너지원은 이전보다 무질서해진 모습으로 바뀌게 된다. 장작이 타고 남은 무질서해진 모습을 상상하면 쉽게 이해할 수 있다. 이 과정에서 방출된 열의 일부는 에너지원 자신이 무질서한 모습으로 바뀌는 데 사용된다. 따라서 기계적 변환 장치를 사용하여 에너지원에서 방출된 열을 '유용한 일'로 변환하더라도 에너지원이 무질서해지는 데 사용된 만큼 손해를 보게 된다. 위 식에서 '$T\Delta S$' 항의 값이 바로 얼마만큼 손해를 보게 되는지를 나타낸다.

따라서 이 식은 "에너지원이 방출한 열 ΔH을 100% 온전히 가져다 쓸 수는 없다."라는 것을 의미한다. 마치 장사를 해서 돈을 벌면 그중 일정 부분을 반드시 세금으로 내야 하는 것처럼 에너지원이 방출한 열을 가져다 '유용한 일'로 바꾸더라도 그중 엔트로피 항 $T\Delta S$에 해당하는 만큼은 사용할 수 없게 된다는 것이다. 영구기관을 만들고자 했던 수많은 실패한 과학자들은 바로 이 부분을 정확히 깨닫지 못하고 있었다. 에너지 세상에도 공짜란 결코 없다.

그런데 이 식에서 주목할 것은 온도 T가 높아지면 엔트로피 항인 '$T\Delta S$' 값이 커지면서 방출되는 열에서 '유용한 일'로 변환되지 못한 채 낭비되는 부분이 늘어나게 된다는 사실이다. 즉 온도가 높아지면 에너지원으로부터 뽑아낼 수 있는 '유용한 일'의 최대치가 작아진다. 따라서 에너지원으로부터 최대한의 유용한 일을 빼내려면 시스템의 온도가 낮을수록 더 유리하다는 것을 알 수 있다. 결과적으로 시스템의 온도가 높아지면 똑같은 질서를 유지하더라도 자기 자신의 온도(T_i)가 아니라 전체 시스템의 온도(T_c)를 말하는 것이다. 더 많은 에너지원을 필요로 하게 된다.

그런데 실제로 현실 세계에서는 에너지원으로부터 깁스에너지 최대치에 해당하는 만큼의 유용한 일을 뽑아내는 것조차도 결코 가능하지 않다. 깁스에너지의 반만이라도 기계적 일로 변환할 수 있다면 대단히 효율이 높은 편이다. 예를 들어 자동차 연료로 사용하는 휘발유에서 뽑아 쓰는 '유용한 일'은 깁스에너지의 5분의 1에도 미치지 못한다. 열역학 이론에서 깁스에너지가 제시하고 있는 최대치와 현실 사이에는 엄청난 괴리가 존재하는 것이다. 그렇다면 도대체 그 이유는 무엇일까?

가장 근본적인 이유는 위에서 소개한 모든 열역학 관계식들이 '가역적으로 일어나는 변화reversible process'를 가정하고 있기 때문이다. 가역적이라는 것은 어느 한 쪽 방향으로 변화가 일어났더라도 다시 반대 방향으로 변화가 일어나 제자리로 돌아오면 이전과 똑같은 상황이 된다는 것을 의미한다. 그러나 현실 세계에서 그러한 상황은 결코 실현될 수 없다. 바로 "우주는 계속 무질서해지고 있다."라는 열역학 제2법칙 때문이다. 에너지를 잃어버리며 바닥에 떨어졌다가 다시 에너지를 받아들여 이전 자리로 되돌아오더라도 이미 세상은 팽창하는 우주 속에서 원래의 위치를 이탈하여 무질서를 향해 나아가 버렸기 때문이다. 이와 같이 현실 세계는 철저히 비가역적irreversible이다. '어제'로 되돌아 간 사람이 한 사람도 없지 않은가!

비가역적인 변화에서 관찰되는 가장 핵심적인 현상은 '낭비되는 부분'이 추가로 더 생긴다는 것이다. 깁스에너지를 100% 모두 '유용한 일'로 전환하는 것은 가역적인 세상에서만 가능하다. 모든 변화가 비가역적으로 일어나는 현실 세계에서는 에너지를 일로 변환하는 과정에서 반드시 추가로 낭비되는 부분이 발생하고 그 결과 '유용한 일'로 전환할 수 있는 에너지양은 항상 깁스에너지보다 작다. 결국 깁스에너지란 이론적인 최대치에 불과하다. 실제로는 깁스에너지의 상당 부분이 '유용한 일'로 전환되지 못한 채 열로 버려진다. 더구나 비가역성이 커지면 커질수록 낭비되는 부분도 더욱 늘어난다.

그렇다면 어떻게 해야 낭비되는 에너지를 줄일 수 있는지가 명확해진다. 낭비되는 에너지를 줄이려면 현실에서 개입되는 비가역성을 가능한 한 줄여야 한다. 비가역성의 개입이 커지면 커질수록 '유용한 일'로 전환되지 못한 채 열로 낭비되는 에너지가 늘어나기 때문이다. 따라서 비가역성을 크게 하는 요인이 무엇인지를 파악하여 최대한 그 요인을 배제할 필요가 있다.

비가역성의 크기를 좌우하는 결정적인 요인은 변화의 속도이다. 똑같은 변화라도 그 변화가 빠른 속도로 일어나면 비가역성의 개입 정도가 커진다. 예를 들어 한 발자국씩 천천히 조심스럽게 앞으로 나아가고 있는 사람에게 방향을 돌려 원래 있던 자리로 되돌아갈 것을 요구해 보라. 별다른 동요 없이 곧바로 방향을 돌려 왔던 길을 따라 원래 위치로 천천히 되돌아갈 것이다. 낭비된 에너지가 그리 많지 않다. 하지만 이제 막 출발선을 떠나 속도를 높이고 있던 단거리 경주

선수에게 같은 요구를 해 보아라. 가던 방향으로 한참을 그대로 미끄러져 나간 후에야 겨우 멈추고, 다시 혼비백산 방향을 바꾸어 왔던 길을 허둥지둥 되돌아갈 것이 뻔하다. 그 과정에서 자신이 가지고 있던 에너지의 대부분은 불필요하게 낭비되어 버린다. 이처럼 변화가 일어나는 속도가 빠르면 빠를수록 비가역성은 더욱 커지고, 그 결과 '유용한 일'로 변환되지 못한 채 그냥 버려지는 에너지양도 늘어나게 된다.

일반적으로 변화의 속도는 변화의 폭과도 밀접한 상관관계를 갖는다. 애초부터 변화의 폭이 작으면 변화의 속도도 빨라질 이유가 없다. 하지만 한 번에 큰 폭의 변화가 일어나면 변화 속도도 덩달아 빨라지게 된다. 갑자기 서게 되었을 때 고속으로 달리던 차가 천천히 움직이는 차보다 훨씬 더 큰 가속도를 경험하는 것과 같다. 모든 것들이 빠른 속도로 움직이고 있는 시스템일수록 변화의 폭은 커지고 덩달아 변화의 속도도 빨라진다. 따라서 사회의 온도가 높아서 구성원들의 속도가 전반적으로 빨라지게 되면 개입되는 비가역성의 정도가 커지면서 낭비되는 에너지가 급격하게 늘어나게 된다.

결국 사회의 온도가 높아지면 에너지원으로부터 뽑아 쓸 수 있는 '유용한 일'의 크기가 두 가지 요인에 의해 큰 폭으로 줄어들게 된다. 첫 번째 요인은 온도가 올라가는 데 따라 엔트로피 항 $T\Delta S$의 값이 커지면서 열을 유용한 일로 변환할 수 있는 이론적 최대치인 깁스에너지 ΔG 값이 작아지는 데 기인한다. 두 번째 요인은 온도가 높아지면 전반적인 속도가 빨라지기 때문에 변화에 개입되는 비가역성이 커지면서 유용한 일로 변환되지 못한 채 열로 낭비되는 에너지가 늘어나는 데 기인한다.

　결과적으로 사회의 온도가 높아지고 구성원들의 속도가 빨라지면 에너지의 극히 일부분만 질서를 창출하는 데 쓰이고, 나머지 대부분은 낭비될 수밖에 없다. 다시 말해 열역학적인 관점에서 보면 온도가 높은 사회는 에너지 효율이 지극히 낮은 사회이다.

　근현대에 들어와 인류가 소비하는 에너지 자원의 양이 가파르게 증가하게 된 이면에는 바로 이와 같은 열역학적인 원리들이 작동하고

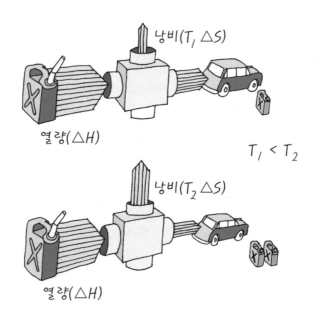

자동차가 지극히 느린 속도로 움직이는 가역적인 조건에서 동일한 거리를 움직이는 데 필요한 연료의 양은 온도에 따라 달라진다. 온도가 높아져 엔트로피 항($T\Delta S$)의 값이 커지면 유용한 일로 변환할 수 있는 열량의 최대치인 깁스에너지(ΔG) 값이 작아지기 때문에 같은 거리를 가더라도 더 많은 연료를 필요로 하게 된다.

있다. 사회의 온도가 올라가고 모든 것의 속도가 빨라지면서 '유용한 일'로 활용되지 못한 채 버려지는 에너지가 큰 폭으로 증가한 것이다. 그렇게 되면 똑같은 정도의 질서를 창출하더라도 훨씬 많은 양의 에너지 자원을 소비하게 되므로, 결과적으로 에너지 수요는 폭증할 수밖에 없다.

속도를 줄이고 온도를 낮추는 것 외에는 그 어떤 방법으로도 이와 같은 열역학적인 결과를 피해갈 수 없다. 열역학 법칙은 그저 자연이 운행하는 섭리일 뿐이기 때문이다. 오늘날 우리 사회는 온도도 너무

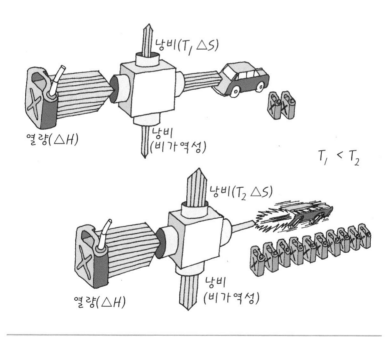

자동차가 빠른 속도로 달리는 비가역적인 조건에서 동일한 거리를 움직이는 데 필요한 연료의 양은 온도뿐만 아니라 속도에 따라서도 달라진다. 속도가 빨라질수록 개입되는 비가역성이 커지면서 유용한 일로 변환되지 못하고 낭비되는 에너지양이 늘어나게 된다. 결과적으로 온도가 올라가고 속도가 빨라지면 같은 거리를 가는 데 필요한 연료의 양이 급증한다.

높고 구성원들의 속도도 너무 빠르다. 에너지 자원이 부족해지기 시작하면, 우리 사회의 에너지 소비 패턴은 결코 그대로 유지될 수 없다. 한정된 에너지 자원을 최대한 효율적으로 사용하려면 낭비되는 에너지를 최소로 줄여야 한다. 결국 낭비되는 에너지를 줄여 제한된 양의 에너지 자원으로부터 최대한의 효과를 창출하려면 모든 활동 영역에서 속도를 줄이고 사회의 온도를 낮추는 것이 바람직하다. 그 길이 바로 최선의 에너지 절약이다.

문제는 속도를 줄이고 온도를 낮추는 것이 결코 과학기술로 실현될 수 없다는 점이다. 일반 대중들의 사고방식과 행동 양식이 그러한 방향으로 바뀌지 않는다면 과학은 손을 놓고 그저 바라만 볼 수밖에 없다. 이러한 사실은 액셀러레이터를 힘껏 밟은 채 속도 경쟁에 몰입하여 자신이 가진 모든 에너지를 오로지 앞으로 달리는 데에만 쏟아 붓고 있는 오늘날 현대인들에게 경종을 울린다.

우리는 물질이 가진 에너지를

열과 일이라는 두 가지 형태로 뽑아서 사용해.

열

일

그런데 질서는 오로지 일을 통해서만 실현되지. 따라서 에너지를 열로 사용하는 것은 낭비라고 할 수 있어.

열

일

똑같은 역할을 하는데도 더 뜨겁다면 에너지가 낭비되고 있다는 증거이지.

앗! 뜨거워.

그래서 엔진이 차가운 전기자동차가 효율이 높다고들 하는 거야.

그런데 전기 자동차의 효율이 반드시 높다고 볼 수는 없어.

뭔 소리야?

가령 똑같은 양의 연료를 소비한다고 가정했을 때 기존의 보통 자동차와 전기자동차 중에

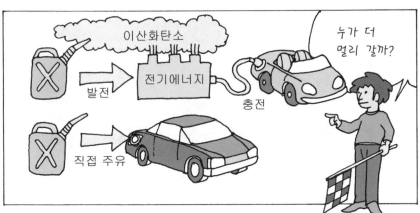

이산화탄소

전기에너지

발전

충전

직접 주유

누가 더 멀리 갈까?

보통 자동차가 더 멀리 간다는 놀라운 사실.

똑같은 양의 이산화탄소를 배출해요.

이산화탄소

연료를 태워 전기를 얻는 과정에서 이미 많은 에너지가 낭비되어 버렸기 때문이지.

우리는 지금
팽창하며 계속 엔트로피가 증가하는
우주에서 살고 있지. 그것은 마치

무질서라는 바다를 향해 모든 것들을
쓸어 내려가는 커다란 강 위에
떠 있는 것과 같아.

가만히 있어도
계속 떠 내려 가지.

무질서를 향해 떠밀려 가지 않으려면
강물의 흐름을 거슬러 오르면서 끊임없이
질서를 창출해야만 해.

그래서 우리는
에너지를 필요로 하는 거야.

질서를 창출하려면 두 가지 요인을 갖추어야 해. 우선은 에너지를 뽑아 낼 연료가 필요하지.

하지만 연료만으로는 질서를 창출할 수 없어.

반드시 에너지 변환 장치가 있어야만 해. 알기 쉽게 설명해 줄게.

어떤 물질이던 그 속에는 내부에너지가 있어. 그것을 꺼내어 사용해야 되는 거지.

예를 들어 연료를 태워서 그 속에 들어 있는 에너지를 밖으로 꺼내면

열과 일이 되어 밖으로 나오지.

열
일

그런데 이 녀석들을 그냥 가만히 내버려 두면 무질서를

창출한단 말이야.

열
일

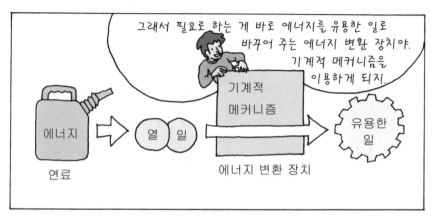

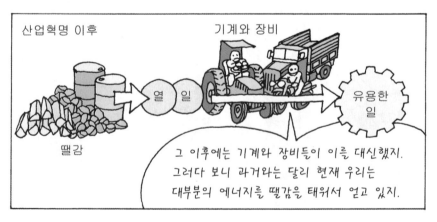

그래서
온도가 높고 복잡하고,
모든 것이 빠르게 돌아가는 사회를 사는
현대인들의 에너지 효율은
매우 낮다고 볼 수 있지.

삶의 현장에서
우리가 에너지 효율을
높이려면 말이야.

Simple Life

ΔS↓

삶의 패턴을
최대한 단순화시키고

철저한 자기 관리를 통해 조급하지 않고
느긋한 생활 방식을 추구하고

신중   사전 계획   상호 신뢰
정확
절제   Slow Life
                배려
                협동

비가역성↓

사용되는 개인의 운동에너지를 줄여
                사회의
                온도를
T↓   낮추고.

        운동에너지를
        위치에너지로

무엇보다
기껏 얻은 유용한 일을
        엉뚱한 곳에 써 버리는 것은 금물!

다른 데로
새지 마.   당연하지.

그런데 동물들 중 인류라는 한 녀석이

에너지를 자유자재로 사용하는 법을 터득하면서

에너지의 달콤한 맛에 푹 빠져 버려 에너지에 대한 욕심에 사로잡히게 되었지.

지구에게 에너지를 더 내어 놓으라고 떼를 쓰다 못해

에너지가 될 만한 것들을 제멋대로 마구 가져다 쓰기 시작한 거야.

급기야는 지구가 그동안 모아 온 소중한 적금에도

마침내 손을 대기 시작했고

결국 지구는 에너지 적자로 에너지 순손실을 보기 시작했지.

마이너스

다른 동물들에게 줄 에너지마저 부족해지고.

NO FOOD!

마침내 인류를 제외한 모두가 에너지 적자를 보기 시작했지.

에너지

에너지 순이익

경계

에너지 순손실

퇴화

지구는 발길을 되돌려 퇴화의 길로 들어섰고 여섯 번째 대멸종이 시작되었는데

나 지금 많이 아파.

여전히 인류는 . . . . .

4장

분자운동론을 알면
경제가 보인다

불완전한
경제 패러다임이
에너지 수요를 부추겼다

1

오늘날 현대인은 일인당 하루에 대략 10만
에서 20만 킬로칼로리의 에너지를 소비한다. 통계에 따르면 우리나
라의 연간 일인당 에너지 소비량은 대략 5 TOE Ton of Oil Equivalent이
라고 한다. 환산하면 하루에 한 사람이 대략 14만 킬로칼로리의 에너
지를 소비하는 것이다. 이것은 과거 수렵 활동을 하며 살았던 시대에
100명 정도가 사용했던 양에 맞먹는 에너지이다. 마치 100명의 노예
를 거느린 왕이나 누렸을 호사를 누리고 있는 셈이다. 특히 최근 50
여 년에 걸쳐 인류 전체가 소비하는 에너지양이 기하급수적으로 증
가했는데, 단순히 생활 수준이 향상되었다는 것만으로 그 이유를 설
명하기에는 다소 무리가 있다.

앞에서 열역학 관계식을 통해 살펴보았듯이 온도가 높아지고 속도

가 빨라지면 에너지원이 방출한 열을 '유용한 일'로 변환하는 효율이 크게 떨어진다. 그 결과 에너지의 대부분을 질서 창출에 사용하지 못한 채 낭비하게 된다. 자연히 소비해야 하는 에너지원의 양이 증가할 수밖에 없다.

그렇다고 인류의 에너지 수요가 폭증한 탓을 열역학적 요인인 높은 온도와 빠른 속도에만 돌리기에는 그 증가폭이 너무나 크다. 에너지 수요가 기하급수적으로 증가한 이면에는 더 큰 이유가 숨어 있다. 그것은 바로 '유용한 일'을 질서를 창출하는 데 활용하지 않고 오히려 무질서를 초래하는 방식으로 사용하게 만드는 우리의 경제 패러다임 때문이다.

경제적인 관점에서 보면 옛것을 새것으로 교체하는 행동은 매우 바람직한 것으로 간주되어 왔다. 그 과정에서 공장이 돌아가고 일자리가 창출되며 화폐의 유통이 늘어나 경기가 활성화되므로 가능하면 옛것을 빨리 버리라고까지 부추겼다. 현대에 들어와 인류가 엄청난 양의 에너지 자원을 소비하게 된 이면에는 바로 이러한 경제적 논리가 숨어 있다. 열역학적 관점에서 볼 때 기존의 것들을 허물고, 그 위에 새것을 짓는 행위는 강물을 따라 아래쪽으로 신 나게 달려 내려갔다가 다시 방향을 돌려 원래 있던 곳으로 힘겹게 되돌아오는 것과 같다. 이 과정에서 군이 사용하지 않아도 되었을 엄청난 양의 에너지를 추가로 소비하게 된다. 에너지 자원뿐만 아니라 각종 물질 자원까지도 엄청난 양을 추가로 소비하게 된다. 아직 쓸만한 멀쩡한 것들도 모두 쓸모없는 쓰레기가 되어 버려진다.

결과적으로 오늘날 우리의 의식 구조에 자리 잡은 경제 패러다임은 열역학적인 관점에서 바라본 에너지 문제 해결 방향과 정면으로 충돌한다. '소비가 미덕, 지속 성장, 끝없는 발전, 무한 경쟁, 속도전'과 같이 인류가 만들어 낸 경제 개념들은 인류의 에너지 수요를 폭증시키면서 인류와 지구 사이의 에너지 균형을 깨뜨려버린 주범이나 다름없다.

그중에서도 오늘날 현대인의 에너지 소모적인 의식 구조와 행동 양식을 단적으로 보여 주는 것이 바로 '소비가 미덕'이라는 경제 구호이다. 자원과 폐기물 문제의 관점에서 보면, 이 구호는 가히 인류의 사상적 발명품 중 가장 최악이라고 할 수 있다. 제품이 만들어지기 전 단계인 자원과 버려진 후의 마지막 단계인 폐기물을 전혀 고려하지 않은 채 지금 당장 눈앞에 보이는 '제품의 금전적 가치'라는 단편적인 지식에만 얽매이게 만든 구호이기 때문이다. 범주착오에 빠져 전체를 보지 못한 채 눈앞에 놓인 단편적인 부분에만 집착하고 있는 인간의 비이성적이고 비합리적인 사고의 전형적인 예라고밖에 할 수 없다.

인류가 추구하는 엔트로피가 낮은 질서정연한 상태란 지금 우리가 하고 있는 것처럼 기존의 것들을 허물고, 그 위에 다시 쌓는 방식을 통해서만 실현되는 것이 결코 아니다. 원래 있던 것을 계속 보강하고 덧대어 튼튼하게 하는 방식을 통해서도 얼마든지 엔트로피가 낮은 상태를 유지할 수 있다. 이 경우에는 열역학 제2법칙을 따라 자연스럽게 무질서해지는 만큼만 다시 거슬러 올라가면 되기 때문에 소비되는 에너지양이 비교도 안 될 정도로 적다. 유럽의 오래된 도시들에서 흔히 볼 수 있는 수백 년의 역사를 자랑하는 고택들에서 이를 알 수 있다.

그럼에도 불구하고 옛것을 버리고 새것을 취하는 우리의 행동 양식은 갈수록 더 보편화되고 일상화되고 있다. 건물, 각종 구조물, 인테리어, 차량, 가구, 전자제품, 집기류, 옷, 신, 장신구에 이르기까지 거의 모든 것들이 쓸 만한 상태로 버려지고 다시 새것으로 교체된다. 그 과정에서 소비되는 에너지는 실로 엄청난 양이어서 쓰지 않는 플러그를 뽑아 놓거나 전등 하나 끄는 등의 에너지 절약 캠페인으로 아낄 수 있는 양과는 비교도 안 될 정도이다.

이와 같이 오늘날 일인당 에너지 사용량이 폭증한 이면에는 우리 자신의 의식 구조 속에 똬리를 틀고 들어앉은 불완전한 경제 패러다임이 있다. 대중교통 이용하기, 계단으로 오르내리기, 전등 끄기, 에어컨 끄기, 속옷 끼워 입기 등의 에너지 절약 캠페인은 모두 우리의 작은 행동부터 바꾸어야 한다고 외치고 있다. 하지만 정작 바꾸어야 하는 것은 자원이 넘쳐나다시피 했던 과거 우리들의 머릿속에 들어앉은 해묵은 경제적 고정관념들이다.

우리의 행동은 정신세계의 산물로, 그 사람이 어떤 생각과 사고방식을 가지고 있는지 겉으로 드러나는 것에 불과하다. 따라서 문제 해결의 관건은 우리 머릿속 생각부터 먼저 바꾸는 데 있다. 그러고 나면 우리들의 행동은 저절로 바뀔 것이다.

산업혁명 이후 지금까지는 자원이 넘쳐났던 시대라고 해도 과언이 아니다. 그래서 지금까지의 경제 패러다임은 늘어나는 수요와 가격 상승에도 불구하고 자원 공급이 전혀 따라갈 수 없는 '고갈'에 가까운 상황을 염두에 두지 않았다. 하지만 대부분의 자원이 생산량 정점에 도달한 지금, 불완전한 경제 패러다임은 곧 자신을 가로막고 선 거대한 벽을 만나게 될 것이다. 이미 세계 금융위기를 계기로 그 단계에 들어선 것으로 보인다. '화폐'라는 인위적이고 가상적인 자원을 부풀려 당장의 위기는 모면할 수 있을지 몰라도 그 화폐 가치의 실질적 근거가 되는 자연자원이 심각하게 부족해지는 국면에서는 과거의 상황으로 되돌아갈 확률이 거의 없다고 해도 과언이 아니다. 이제부터 다가올 미래는 급격하게 자원이 부족해지는 시대가 될 것이 분명하다. 우리는 지금 시대가 바뀌는 일대 과도기에 서 있고, 지금 우리에게 진정 필요한 것은 과감한 발상의 전환이다.

'소비가 미덕'이라는 구호는 전체를 보지 못한 채 눈앞에 놓인 단편적인 정보에만 집착하는 우리들의 불완전한 경제 패러다임을 단적으로 보여 준다. 소비를 통해 GDP가 상승하고 경제는 활성화되지만 그 이면에서는 많은 양의 자원(미래 가치)이 쓰레기로 전락해 버린다. 자신의 영화를 위해 미래 세대의 자산을 미리 끌어다 써 버리는 것이다.

성장 숭배자들이여,
기하급수적 성장의
속성에 주목하라

2

지난 50년은 인류의 역사에서 그 유례를 찾아보기 힘들 정도로 급격한 성장과 발전의 기간이었다. 작은 규모의 국지적 갈등과 분쟁은 있었지만 전 세계적인 혼란과 재앙의 사건은 그리 많지 않았다. 세계 경제 규모가 매년 수 %씩 지속적으로 팽창하면서 세계 인구는 가파르게 늘어났고, 국경과 지역을 넘나드는 사람과 물자의 양도 엄청난 규모로 증가했다.

그런데 이러한 지속적 경제 성장 한편에는 막연한 불안감과 함께 "지속적 성장이 언제까지 가능할까?" 하는 의문이 있다. 주변 사람들, 특히 국가의 지도자들은 지속적 성장이 끝없이 계속될 수 있다는 긍정의 메시지를 강변하지만, 마음 한쪽 구석이 꺼림칙한 것은 무엇 때문일까? 끝이 어디인 줄 모르고 J자 곡선을 그리며 올라가는 GDP 곡

선을 보고 있노라면 무엇인지 모르지만 불안한 느낌을 떨쳐버릴 수
없다.

미국 콜로라도 대학의 물리학과 교수를 역임한 알버트 바틀랫
Albert Bartlett 교수는 수학적 근거를 들어 '지속적 성장'은 결코 '지
속'될 수 없을 것이라는 견해를 주장한 바 있다. 그에 따르면 현재 인
류가 경험하고 있는 '지속적 성장'이 소위 '기하급수적 성장'이라고
하는 수학적 모델을 따르고 있기 때문에 많은 문제점을 야기할 수밖
에 없다는 것이다.

양이 늘어나는 대표적인 수학적 모델로는 산술급수적 성장과 기하

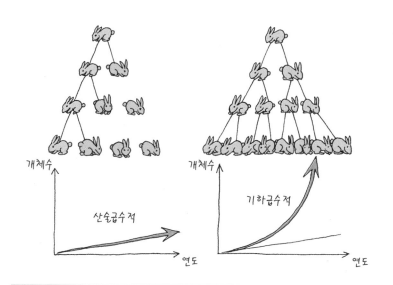

한 마리의 토끼가 매년 한 마리씩 새끼를 낳을 경우, 3년이 지나 토끼의 개체수가 얼마나 늘어나는지
살펴보자. 토끼가 수컷만 낳는 경우와 암컷만 낳는 경우, 개체수가 늘어나는 양상은 매우 대조적이다.
이를 그래프로 그려 보면 수컷만 낳는 경우(왼쪽) 직선이 얻어지고 암컷만 낳는 경우(오른쪽) 하키스
틱처럼 생긴 곡선이 얻어진다. 이 경우 전자를 '산술급수적'이라고 하며, 후자를 '기하급수적'이라고
한다.

급수적 성장을 들 수 있다. 예를 들어 "매년 100%씩 늘어난다."라고 표현했을 때 그 기준 년도를 어디에 두느냐에 따라 성장의 양상이 사뭇 달라진다. 만약 최초 시작한 '원년'을 기준으로 하면 산술급수적 성장을 하게 되지만, 바로 '직전 년도'를 기준으로 하게 되면 소위 기하급수적 성장이 일어난다. 이와 같이 두 개의 다른 성장 양상을 비교해 보면 그 차이를 보다 쉽게 이해할 수 있다표1 참조.

또 다른 예를 들어보자. 커다란 물탱크에 서서히 물이 차오른다. 하루 종일 눈이 내려 지붕 위에 함박눈이 수북이 쌓인다. 엄마가 만드는 김밥이 커다란 접시에 차곡차곡 쌓여 간다. 물이 빠지면서 수면이 내려간다. 컵 속의 물이 증발되어 없어진다. 이것은 일상생활에서 우리가 흔히 접하는, 물리적인 양이 늘어나거나 감소하는 몇 가지 예이다. 이러한 예들은 거의 대부분 전체 양이 직선적으로 줄거나 늘어나는 산술급수적 변화 양상을 보인다.

이와는 대조적으로 인구 증가, GDP 성장, 물가 상승 등 사회 변화를 나타내는 지표의 대부분은 구부러진 곡선을 따라 증가하거나 감

표 1. 매년 100%씩 늘어나는 경우, '원년'을 기준으로 하는 산술급수적 성장과 '직전 년도'를 기준으로 하는 기하급수적 성장의 증가 추이

	원년	1년 후	2년 후	3년 후	4년 후	5년 후	6년 후	7년 후
산술급수적 성장	1	2	3	4	5	6	7	8
기하급수적 성장	1	2	4	8	16	32	64	128

소하는 전형적인 기하급수적 변화 양상을 나타낸다. 그런데 일상에서 접하는 현상들이 산술급수적이다 보니 대부분의 사람들에게 이러한 기하급수적 함수는 익숙하지 않다. 그러다 보니 경제 성장이나 사회 변화를 나타내는 지표들 대부분이 기하급수적 속성을 가지고 있음에도 불구하고 이를 산술급수적으로 이해하는 오류를 범하기 쉽다. 그렇게 되면 이 지표들이 던지고 있는 중요한 메시지를 놓쳐 버리게 된다. 우려되는 것은 지나쳐 버린 메시지가 미래에 다가올 수 있는 심각한 위기 상황을 경고하고 있을지도 모른다는 사실이다.

인구 증가를 예로 들어보자. 최초 기준 인구가 100명인데 '매년 10%의 증가율로 인구가 증가한다.'라고 가정해 보자. 이 경우 몇 년 후에 그 100배인 1만 명에 도달하는지 계산해 보라표 2 참조. 흔히 우리는 직선적인 산술급수적 증가 패턴을 먼저 떠올리게 된다. 얼핏 산술급수적으로 생각하면 1년에 10명씩 늘어나면 10년이면 그 10배인 100명이 늘어나므로, 9,900명이 더 늘어나려면 대략 990년대략 천 년이 걸린다고 생각하기 쉽다.

표 2. 매년 10% 증가율로 인구가 늘어날 경우, 이를 산술급수적으로 착각한 경우와 기하급수적으로 정확하게 이해한 경우의 증가 추이 (단위: 명)

	원년	1년 후	10년 후	20년 후	30년 후	40년 후	49년 후	50년 후
산술급수적	100	110	200	300	400	500	590	600
기하급수적	100	110	259	673	1,745	4,526	10,672	11,739

하지만 '매년 10%'라는 증가율은 원년을 기준으로 한 것이 아니다. 인구 증가율은 바로 그 직전 년도를 기준으로 산출하는 것이기 때문에 인구가 늘어나는 패턴은 기하급수적 성장 패턴을 따르게 된다. 표 2를 보면 알 수 있듯이 기하급수적으로 인구가 늘어날 경우 50년 후에는 전체 인구가 이미 1만 명을 넘어서게 된다 정확하게는 49년째 되는 해이다. 매년 같은 증가율로 늘어난 인구는 우리가 산술급수적으로 예상한 것보다 훨씬 빨리 상한선에 도달한다는 것을 알 수 있다. 만약 인구 증가를 산술급수적이라고 오해했다면 990년과 50년의 차이에 해당하는 무려 940년이라는 어마어마한 규모의 판단 착오가 생긴다.

기하급수적 성장 양상이 갖는 또 하나의 주목해야 할 특징은 미처 생각하지도 못하고 있을 시점에 마치 수면 아래에 숨어 있던 악어가 갑자기 뛰어오르듯 상한선이 갑자기 다가온다는 점이다.

인구 증가를 다시 예로 들어 보자. 한 도시가 수용할 수 있는 최대 인구의 상한선을 만 명이라고 가정해 보자. 도시의 인구가 매년 10%의 기하급수적 증가율로 늘어나는 경우 과연 그 도시의 주민들은 언제쯤 과잉 인구의 문제점을 깨닫게 될까? 표 2의 기하급수적 증가 추이를 참고해 보면 30년이 지날 때까지만 해도 총 인구수가 1,745명으로 상한선의 5분의 1인 2,000명에도 채 도달하지 않았음을 알 수 있다. 아직 5분의 4의 충분한 여유가 남아 있으니 걱정할 이유가 없다. 40년이 지나도 상한선의 절반인 5,000명에도 못 미치는 4,526명이다. 왠지 이전에 비해 빨리 증가했다는 느낌은 들지만 그래도 아직

절반의 여유가 있으므로 걱정하지 않아도 될 것 같다. 하지만 이후 10년 안에 주민들은 전혀 예상하지 못했던 기습적인 상황에 직면하게 된다. 불과 10년이라는 짧은 기간에 도시에 남아 있던 여유 공간이 순식간에 꽉 차버리게 되는 것이다.

인구 증가의 예에서 본 것처럼 어떤 시스템에 상한선이 주어졌을 때 기하급수적 성장 패턴을 갖는 사안들은 두 가지 매우 중요한 특징을 나타낸다. 첫째는 예상보다 훨씬 짧은 기간 내에 상한선에 도달한다는 것이고, 둘째는 상한선에 도달하기 바로 직전까지도 그러한 사실을 쉽게 깨닫지 못한다는 것이다.

기하급수적 성장의 속성을 가지고 있는 상황을 대면할 때 명심해야 할 점은 미처 우리가 예상하지 못하는 시점에 갑자기 우리 눈앞에 심각한 위기가 닥쳐올 수 있다는 사실이다.

우리의 사고는 산술급수적 성장에 더 익숙해져 있기 때문에 기하급수적 성장 패턴을 갖는 상황에 놓여 있고 더 이상 감내할 수 없는 상한선이 눈앞에 임박해 있음에도 불구하고 이를 미처 깨닫지 못하는 착각 상태에 빠지기 쉽다. 더구나 우리의 뇌가 가지고 있는 낙관적 속성은 그러한 사실을 간과하거나 심지어 외면하게 함으로써 경우에 따라 상황을 더 악화시키기도 한다. 따라서 일상생활에서 사회 변화를 나타내는 증가율 지표를 만나게 되면 그것이 산술급수적 성장에 관련된 것인지 아니면 기하급수적 성장을 전제로 하고 있는지를 정확하게 구별할 필요가 있다.

만약 당신 앞에 제시된 증가율 지표가 기하급수적 성장의 속성을 갖는 사안이라면 자신을 추스르고 조금은 긴장할 필요가 있다. 미처 깨닫지 못하고 있지만 어쩌면 이미 상한선 근처에 와 있는지도 모르기 때문이다.

지속적 경제 성장은
전형적인
기하급수적 성장이다

3

경제 상황을 기술하는 데 사용되는 제반 지표들은 대부분 그 직전 년도의 총량을 기준으로 삼기 때문에 성장이 지속될 경우 기하급수적 성격을 나타내게 된다. 대표적인 예가 경제 성장의 지표로 사용되는 GDP Gross Domestic Product, 즉 국내총생산 수치이다. GDP는 한 국가의 전체 경제 활동 규모를 나타내는 것으로, GDP 수치가 증가한다는 것은 그 나라의 경제 규모가 팽창하고 있다는 것을 의미한다. 그 규모가 얼마나 빠르게 증가하는지를 나타내는 퍼센트 GDP 성장률은 그 직전 년도의 총 GDP를 기준으로 산출한다. 따라서 매년 비슷한 성장률로 수년에 걸쳐 지속적인 경제 발전이 계속된다는 것은 그 사회의 모든 영역에서 기하급수적 성장 곡선의 전형적인 특성이 나타난다는 것을 의미한다.

이와 같은 지속적 성장의 경우 십년 또는 수십 년 전의 10% 성장률과 올해의 10% 성장률은 숫자상으로는 동일하지만 그 내용 면에서는 전혀 다른 의미를 갖는다. 예를 들어 지난 50년간 매년 10%의 GDP 성장률로 지속적인 경제 발전이 이루어졌다고 가정해 보자. 이해를 쉽게 하기 위해 앞서 인구 증가의 예에서 제시했던 표 2를 참조하자. 과거 50년 전에는 한 해 동안 증가한 경제 규모가 10밖에 되지 않았지만표 2에서 110-100=10, 50년이 지난 현재는 일 년에 무려 1,067이라는 큰 폭의 성장이 있었음을 알 수 있다표 2에서 11,739-10,672=1,067. 성장률은 10%로 동일하지만 성장 규모 면에서는 무려 100배에 가까운 차이가 나는 것이다. 이와 같은 현상을 소위 '규모의 경제'라고 일컫기도 하는데, 이것은 경제 규모가 작았던 과거의 10%와 비교할 때 덩치가 비대해진 현재의 10%를 전혀 다른 의미로 해석해야 한다는 중요한 사실을 시사하고 있다.

지속적으로 발전하는 경제의 기하급수적 성장 양상은 모든 분야에서 팽창 속도가 빨라지는 모습으로 우리에게 다가온다. 화폐의 유통이 급속히 늘어나고 식료품, 의복, 각종 전자 제품, 심지어 주거를 위한 아파트 등 수많은 상품들이 끊임없이 새로 만들어져 계속 팔려 나간다. 사회는 더욱 복잡해지고 많은 종류의 새로운 직장들이 생겨나며 봉급도 늘어난다. 이에 따라 전반적인 생활 수준이 향상되어 과거 소수의 선택받은 부자들만 누리던 것들이 이제는 평범한 대중 속으로 퍼져 나간다. 이러한 모든 변화는 마치 복리계좌에 돈이 쌓이듯 해를 거듭할수록 더욱 빠른 속도로 상승 곡선을 그리며 다가오는 것이다. 실제로 우리나라는 지난 1970년대와 1980년대에 걸쳐 매년 10%_{평균 9%}에 달하는 지속적인 경제 성장을 실현하면서 사회의 모든 영역에서 기하급수적 성장을 경험한, 그야말로 세계에서 그 유례를 찾아보기 힘든 나라이다. 이를 두고 흔히 '한강의 기적'이라고 일컫는다.

하지만 여기에 우리가 대수롭지 않게 여기고 넘어가기 쉬운 중요한 현상 한 가지를 반드시 추가해야 한다. 경제 성장을 지속하는 데 소비되는 자원의 양이 기하급수적으로 늘어나게 된다는 사실이다. 성장과 발전을 가능하게 하는 원동력은 그 사회가 갖는 잉여 에너지에서 나온다. 잘 짜인 경제 정책, 고도의 기술 개발, 우수한 인재 등이 성장과 발전을 견인하는 주요 요인임은 틀림없지만 그러한 조건들이 잘 갖추어져 있어도 정작 이들을 운용하는 데 필요한 충분한 에너지 자원이 없으면 모든 게 소용없다. 제아무리 첨단 제조 시설이 잘 갖추어져 있어도 기계를 가동하기 위한 에너지가 공급되지 않으면 단 한 개의 상품도 만들 수 없는 것과 같다.

따라서 한 국가의 경제 활동 규모를 나타내는 GDP 수치는 그 나라가 얼마나 많은 자원을 소비하는지를 나타내는 척도나 다름없다. 바로 여기에 "지속적 성장이 언제까지 계속될 수 있는가?"를 가늠할 열쇠가 숨어 있다. 바틀렛 교수는 지속적 성장의 기하급수적 곡선이 결코 오래갈 수 없다고 역설하면서도 과연 그 상한선이 어디인지 그리고 무엇에 의해 그 지속 여부가 좌우되는지에 대해서는 별다른 단서를 제시하지 않았다. 그런데 현실에서 만나게 되는 기하급수적 증가 현상들을 살펴보면, 상한선의 위치가 가용한 에너지 자원의 양과 밀접하게 연관되어 있다는 사실을 깨닫게 된다.

세균 배양용 페트리 접시의 배지를 가득 덮으며 증식하는 박테리아의 개체수는 전형적인 기하급수적 성장 곡선을 따른다. 그런데 이렇게 박테리아 개체수가 기하급수적으로 증가하려면 반드시 만족되어야 하는 조건이 하나 있다. 그것은 바로 페트리 접시의 배지에 충분한 양의 영양분을 공급해 주어야 한다는 것이다. 고립된 지역에 방사한 토끼의 개체수가 늘어나는 사례의 연구에서도 이와 같은 결과를 볼 수 있다. 그 지역에 천적이 없고 먹을거리가 충분할 경우에만 개체수의 기하급수적 증가가 관찰된다.

지속적으로 성장하는 사회의 GDP는 기하급수적 성장의 J자 곡선을 따라 증가한다. 그러한 성장이 어디까지 가능한지의 상한선은 결국 가용한 에너지 자원의 양에 의해 결정된다. 마치 연료가 떨어지면 로켓이 더 이상 올라갈 수 없는 것과 같은 이치이다.

이러한 관점에서 보면 세계 경제가 J자 모양의 <small>이를 흔히 '하키 스틱'</small> <small>모양이라고도 한다.</small> 기하급수적 성장 곡선을 보이며 팽창해 왔다는 사실은 이를 떠받치기에 충분한 양의 에너지 자원이 어디에선가 계속 공급되어 왔음을 전제로 하고 있다. 그렇다면 이러한 지속적 성장이 언제까지 더 지속될 수 있을 것인지에 대한 해답도 바로 에너지 자원에서 찾을 수 있다. 기하급수적 경제 성장의 상한선은 결국 가용한 에너지 자원의 양이 얼마나 많은가에 의해 결정될 수밖에 없기 때문이다. 우리에게 앞으로 얼마나 더 오랫동안 충분한 양의 에너지 자원이 공급될 수 있는지 여부가 결국 성장의 지속가능성을 좌우하는 최대 관건이 될 것이다.

지속적 경제 성장은
자원의 급속한
고갈을 야기한다

4

경제 활동의 원동력은 궁극적으로 에너지 자원에서 얻게 된다. 따라서 경제 규모가 늘어나면 자연히 소비되는 에너지 자원의 양도 함께 증가한다. 일정한 퍼센트의 지속적 경제 성장이 상당 기간 유지될 경우 경제 규모는 기하급수적 성장 곡선을 따라 팽창하고, 이에 따라 소비되는 전체 에너지 자원의 양도 기하급수적으로 늘어난다. 만약 이러한 현상을 산술급수적으로 취급하게 되면 에너지 자원의 고갈 문제를 완전히 잘못된 시각으로 바라보게 된다.

만약 우리가 무한정 써도 무방할 정도로 많은 에너지 자원을 가지고 있다면 그런 오류는 별 문제가 되지 않는다. 하지만 가용한 에너지 자원에 자신이 아직 정확하게 알지 못하는 상한선이 존재한다면 문제는 심각해진다. 만약 상한선에 도달하여 더 이상 소비할 에너지 자원이 없어질 수도 있는 상황이라면 과연 그런 일이 언제 일어날 것인지를 일찌감치 그리고 정확하게 예상하는 것이 무엇보다 중요하다.

상당 기간 지속적 경제 성장이 이루어질 경우 에너지 자원이 어떻게 고갈되어 가는지를 보여 주는 간단한 계산 예를 들어 보자. 앞에서 예로 들었던 인구 증가의 예에서와 달리 없어지는 양을 판단하려면 매년 소비되는 양뿐만 아니라 일정 기간 동안 얼마나 많은 양이 없어졌는지를 나타내는 '누적 소비량' 도 계산해야 한다. 당연히 누적

표 3. 기하급수적 성장 패턴에 따라 매년 10%씩 소비량이 증가할 경우 일정 기간 동안 사용하게 되는 누적 소비량을 계산한 예

기간 \ 구분	해당 년도 소비량	누적 소비량	반올림한 누적 소비량
0	100	100	100
1년 후	110	210	200
2년 후	121	331	300
3년 후	133	464	500
4년 후	146	610	600
5년 후	161	771	800
⋮	⋮	⋮	⋮
10년 후	259	1,852	2,000
15년 후	418	3,594	4,000
20년 후	673	6,399	6,000
25년 후	1,083	10,916	10,000
30년 후	1,745	18,192	20,000
35년 후	2,810	29,910	30,000
40년 후	4,526	48,781	50,000
45년 후	7,289	79,175	80,000
50년 후	11,739	128,126	130,000

소비량 역시 기하급수적 특성을 갖는다. 에너지 자원의 초기 사용량을 100으로 놓고 매년 10%씩 지속적으로 소비량이 증가하는 경우에 대한 계산 수치를 표 3에 제시했다.

표 3은 지속적으로 성장하는 경제 상황에서 해가 거듭될수록 점점 더 빠른 속도로 자원이 소비되는 양상을 잘 보여 주고 있다. 반올림한 누적 소비량 수치를 보면 최초 10년간은 백 단위로 증가하던 것이 이후 10년간은 매해 천 단위로 증가하고 25년 이후부터는 만 단

표 4. 산술급수적 성장 패턴에 따라 에너지 소비량이 매년 10%씩 늘어난 경우 일정 기간 동안에 소비하게 되는 누적 소비량을 계산한 예

기간 \ 구분	해당 년도 소비량	누적 소비량	반올림한 누적 소비량
0	100	100	100
1년 후	110	210	200
2년 후	120	330	300
3년 후	130	460	500
4년 후	140	600	600
5년 후	150	750	800
⋮	⋮	⋮	⋮
10년 후	200	1,650	1,700
15년 후	250	3,720	3,700
20년 후	300	5,120	5,100
25년 후	350	6,770	6,800
30년 후	400	8,670	8,700
35년 후	450	10,820	11,000
40년 후	500	13,220	13,000
45년 후	550	15,870	16,000
50년 후	600	18,770	19,000

위로 늘어나다가 종국에는 순식간에 십만 단위로 들어서는 것을 보게 된다.

이를 산술급수적으로 잘못 이해했을 때 어떤 착시 현상에 빠지게 되는지 비교하기 위해 똑같은 상황을 산술급수적 성장으로 가정하여 다시 계산한 변화 수치를 표 4에 제시했다.

이 두 개의 표를 놓고 주요 에너지 자원인 원유가 어떤 방식으로 소비되는지 구체적으로 비교해 보자. 원유 매장량에 상한선이 있다고 가정하고 이를 100,000 정도 된다고 해 보자. 이는 원유의 전체 매장량에 해당한다. 현재 일 년 동안 사용하는 원유 소비량을 100으로 하면 무려 1,000배나 되는 충분한 양이 매장되어 있는 상황을 가정한 것이다. 지금으로서는 전혀 문제가 없어 보인다. 원유 소비량이 늘어나지 않는다면 앞으로 1,000년 동안 사용할 수 있는 충분한 양이기 때문이다. 그 정도의 매장량이면 원유 소비량이 늘어난다고 하더라도 큰 문제는 없어 보인다.

과연 그럴까? 만약 세계 경제가 매년 10%의 증가율로 향후 50년 동안 지속적인 성장을 한다면 어떻게 될까? 현재 우리가 연 100만큼의 원유를 소비하고 있다면 50년 후에는 한 해에 얼마나 많은 원유를 소비하게 될까? 만약 경제 성장률 10%라는 수치를 산술급수적으로 잘못 이해했다고 가정해 보자. 산술급수적 성장 패턴을 계산한 표 4를 보면 50년 후에는 한 해에 현재의 6배 정도인 600만큼의 원유를 사용하게 되며, 이때 계산한 누적 사용량은 약 19,000이 된다. 이는 전체 매장량의 5분의 1에 해당한다. 다시 말해 산술급수적으로 이해할 경우 50년 후에도 현재의 5분의 4에 해당하는 충분한 양의 원유가 그대로 남아 있게 된다.

하지만 이러한 판단은 '지속적 경제 성장'이 기하급수적 현상임을 간과하고 산술급수적으로 잘못 이해했기 때문에 빚어진 착시 현상이다. 표 3에서처럼 이를 기하급수적 성장으로 제대로 이해하게 되면 완전히 다른 상황을 만나게 된다. 현재는 연 100만큼의 원유를 소비하지만 50년이 지나면 한 해에 무려 그 100배가 넘는 많은 양을 =11,739 소비하게 된다. 그뿐만이 아니다. 50년이라는 기간 동안 누적 소비량은 무려 130,000이라는 =128,126 엄청난 양으로 전체 매장량 100,000을 훌쩍 넘어선다. 다시 말해 이와 같은 '지속적 경제 성장'은 50년 이상 지속될 수 없다. 정확하게 계산하면 이미 47년이 경과한 시점에 모든 에너지 자원이 바닥을 드러낼 것이다.

이보다 더 심각한 것은 자신이 이와 같은 착시 현상에 빠져 있다는 사실을 깨닫게 되었을 땐 '이미 때가 늦었다.'라는 것도 함께 깨닫게 된다는 것이다. 표 3의 누적 소비량 수치를 보면서 전체 매장량의 절반만 남게 되는 때가 언제인지를 판단해 보라. 50,000 정도가 없어지는 데는 40년이 걸린다. 다시 말해 처음 절반이 소비되는 데는 40년이 걸리지만 나머지 절반은 이후 겨우 10년이라는 짧은 기간 내에 모두 없어져 버린다는 것이다. 컵에 담긴 절반의 물을 보며 "아직도 반이나 남아 있구나."라고 생각할 수 있는 낙관적인 상황이 결코 아님을 알 수 있다.

무엇보다 우려되는 것은 현재 인류가 집단적으로 이러한 오류에 푹 빠져 있는 것처럼 보인다는 것이다. 사람들은 마치 인류의 주요 에너지 자원인 원유와 석탄의 매장량이 무한정이라고 할 정도로 충분하다고 착각하고 있다. 그래서 현재와 같은 지속적인 경제 발전이 상당 기간 계속될 수 있다는 것에 대해 이해할 수 없는 굳은 믿음을 가지고 있는 것처럼 보인다. 하지만 그런 믿음을 가진 사람들은 한번쯤 자신에게 다음과 같은 질문을 해 볼 필요가 있다. "나의 판단이 산술급수적 관점에 근거한 것은 아닌가? 기하급수적 성장 곡선의 특성을 제대로 이해하고 판단한 것인가?"

빠져나가는 물의 양이 기하급수적으로 늘어나는 경우, 통 속에 가득 차 있던 물이 모두 없어지는 데 60분 정도의 시간이 걸린다고 가정하자. 계산해 보면 약 절반 정도의 물이 빠져나가는 데 걸리는 시간은 55분 정도이다. 남은 5분 사이에 나머지 반에 해당하는 물이 순식간에 빠져나가 버린다. 따라서 증감 패턴이 기하급수적일 경우, "아직 반이나 남았네!"라는 긍정적인 낙관은 결코 성립될 수 없다.

지속적 경제 성장은
심각한 폐기물
문제를 야기한다

5

　　이제는 도시의 웬만한 동네마다 큼직한 폐기물 수거함이 있을 정도로 재활용품 수거가 보편화되었다. 쓰레기 양을 조금이라도 줄여 보고자 하는 노력의 일환이다. 하지만 도시를 조금 벗어나 논과 밭이 펼쳐진 시골동네에서는 재활용품 수거가 딴 나라 일인 것처럼 여겨진다. 종이박스, 나무상자, 스티로폼, 페트병 따위를 밭 한쪽에 쌓아 놓고 불을 놓아 태워버리거나 태울 수 없는 쓰레기는 인근의 임자 없는 땅이나 소유주가 불명확한 수로 변을 파서 묻어버리기 일쑤이다. 심한 경우에는 마을 한구석에 그냥 산더미처럼 쌓아 두어 눈살을 찌푸리게 한다. 공공수거 시스템이 제대로 돌아가지 않으니 탓할 수도 없는 노릇이다. 여름 장마철이 되어 며칠 장대비라도 쏟아지면 여기 저기 숨어 있던 잡동사니들이 빗물에 쓸려 내려가 강과 바다를 온통 쓰레기장으로 만들어 버린다. 그렇게 바다로 떠내려간 쓰레기가 이제는 대양 한가운데 모여 인공위성에서도 보이는 거대한 섬나라를 다섯 개나 만들었다고 하니 정말 세상이 쓰레기 천지가 되어 가고 있다고 해도 과언이 아닐 듯싶다.

주요 경제 지표인 GDP 수치가 크다는 것은 그만큼 많은 상품들이 생산되어 시장에 쏟아져 나왔다는 것을 의미한다. 이렇게 팔려나간 상품들은 자신의 수명이 다하면 쓰레기가 되어 버려진다. 따라서 GDP 수치가 기하급수적 성장 곡선을 그리며 증가한다는 것은 곧 경제 활동에서 발생하는 폐기물의 양도 기하급수적으로 늘어난다는 것을 의미한다.

그런데 에너지 자원의 예에서 이미 보았던 것과 마찬가지로 경제 성장 과정에서 쌓이는 폐기물의 양이 어떤 양상으로 증가하는지를 판단하는 데 있어서도 사람들은 쉽게 착시 현상에 빠지곤 한다. 폐기물이 쌓이는 현상도 앞서 살펴보았던 인구 증가나 자원 고갈의 예와 같은 기하급수적 증가 양상을 나타낸다. 일정한 비율로 경제 성장이 지속되면 자원의 사용량과 함께 폐기물의 양도 반드시 기하급수적으로 늘어나게 된다. 만약 한 도시의 담당 공무원이 매립지 계획 단계에서 앞으로 늘어날 폐기물의 양을 산술급수적으로 계산했다면 보통 다들 그렇게들 한다! 얼마 지나지 않아 그 도시는 난관에 봉착하게 될 것이 뻔하다. 실제로 폐기물의 양은 경제 규모가 커지는 것에 비례하여 기하급수적 성장 곡선을 따라 늘어나기 때문에 착시 현상으로 예상했던 것보다 훨씬 더 빠른 속도로 수용 한도에 다다른다. 더 큰 문제는 폐기물의 양이 처음에는 서서히 증가하다가 막판에 가서야 가속도가 붙으며 기습적으로 늘어나기 때문에 담당 공무원들이 계획 단계에서의 실수를 쉽게 눈치채지 못한다는 것이다. 갑자기 밀어닥치는 쓰레기 문제로 추가 매립지를 찾아 우왕좌왕하다 보면 해당 도시는 온통 폐기물로 넘쳐날 위기에 봉착하게 된다. 최악의 경우 불법 소각과 불법 매립이 일상적으로 일어나도 이를 묵인하는 일까지 벌어진다.

이와 비슷한 시나리오는 많은 나라와 도시에서 이미 현실이 되어 다가오고 있다. 서울도 예외는 아니다. 자유로를 따라 일산으로 올라가다 보면 성산대교와 가양대교 사이 구간의 강변도로 우측으로 나지막한 산이 2킬로미터 정도 이어진다. 산 위에는 하늘공원과 노을공원이 조성되어 있어서 서울 시민의 주말 나들이 장소로도 인기가 있다. 이곳은 원래 '난지도 쓰레기 매립지'로, 1960년부터 서울 시민이 내다 버린 쓰레기를 매립하는 곳이었다. 그런데 이후 눈부신 경제 발전과 함께 쓰레기 양이 기하급수적으로 늘어나 불과 20년 만인 1980년대 말에 들어오면서 더 이상 폐기물을 수용할 수 없는 상태가 되어 버렸다. 이에 따라 이곳을 공원화하는 프로젝트를 실시했고, 1990년에 훨씬 넓은 면적의 매립지를 추가했는데, 이곳이 바로 '김포 쓰레기 매립지'이다. 현재는 '인천 매립지'라고 불린다. 하지만 지속된 경제 성장으로 폐기물의 양이 계속 기하급수적으로 늘어나서 이대로 가면 '김포 매립지'도 얼마 못 가 포화 상태가 될 것이 분명했다. 결국 서울시는 '김포 매립지'를 개장한 10년 후인 2000년부터 폐기물 처리를 매립 방식에서 소각 방식으로 전환했고 지금은 음식쓰레기를 제외한 대부분의 쓰레기를 소각장에서 태우고 있다.

우리의 인지 능력은 지극히 제한적이어서 지금 당장 자신이 대면하고 있는 현재의 한 단면만 바라볼 뿐 그 이전과 이후 상태에 대해서는 무관심하거나 심지어 무지한 경우가 많다. 예를 들어 페트병 하나를 볼 때 그것은 단지 현재 물을 담고 있는 용기에 불과할 뿐 그것이 무엇으로 만들어졌으며 버려지면 무엇이 되어 없어질 것인지에 대해서는 잘 알지도 못할 뿐더러 궁금해 하지도 않는다.

경제를 바라보는 우리의 시각도 그러한 제한적인 범주를 벗어나지 못하고 있다. 경제 활동이란 자연에서 필요한 자원을 채취해 이를 원재료로 변형하고 다시 이 원재료를 가공해 상품을 만들어 판매하며 그렇게 팔린 상품이 적절한 절차를 거쳐 마침내 폐기물로 처리되는 모든 과정을 망라하는 것이어야 한다. 그럼에도 불구하고 대부분의 사람들은 상품이 시장에서 거래되고 실생활에서 사용되는 극히 제한된 몇 개의 과정만을 일상에서 접하게 된다. 그러다 보니 많은 사람들이 경제 문제를 바라보는 데 있어서 상품의 전후 상태인 자원이나 폐기물에 대해서는 자신도 모르게 무감각해지기 쉽다. 가끔은 이들 문제에 눈을 돌리기도 하지만 그 경우에도 거의 십중팔구 산술급수적으로 잘못 해석하는 오류에 빠져 있다. 그리고 그것도 잠시뿐 이내 떨치고 일어나 곧바로 눈앞에 보이는 것에만 정신을 쏟는다.

각 개인의 이러한 성향이 한데 모여 오늘날 인류는 집단적인 착각 상태에 빠져 있다고 해도 과언이 아니다. 앞으로도 수백 수천 년을 지탱해 줄 충분한 자원이 아직도 남아 있다고 믿는 착각과 폐기물을 묻을 수 있는 공간이 아직도 지천에 널려 있다고 여기는 착각이 바로 그것이다. 물론 그러한 착각 상태는 기하급수적 함수에 익숙하지 않았던 데서 비롯된 것이기도 하지만 근본적으로는 '낙관하는 뇌'가 빚어낸 작품이다. 이 문제에 대한 경고음을 발하는 수많은 글과 영상물들이 주변에 널려 있지만 이를 바라보는 대부분 사람들의 마음속에는 지극히 낙관적인 한 마디가 지나간다. "시간이 지나면 누군가 과학자? 해결하겠지!"

고갈되는 자원과 쌓이는 폐기물은 동전의 양면과 같아서 동일한 문제나 다름없다. 지속적인 경제 성장으로 자원 고갈이 기하급수적인 양상으로 진행되면 쌓이는 폐기물의 양도 기하급수적으로 늘어나면서 환경 파괴가 급속도로 진행된다.

새로운
경제 패러다임이
필요하다

6

　　인류와 지구는 결코 따로 떼어 놓을 수 없는 공동 운명체이다. 그럼에도 불구하고 인류와 지구는 지금 정반대의 길을 걷고 있다. 인류는 성장을 지속하며 언덕을 오르고 있는데 지구는 무너지는 생태계를 드러내며 쇠락의 내리막길을 걷고 있다. 이처럼 인류와 지구가 서로 반대 방향으로 가게 된 이유는 다름 아닌 우리 자신에게 있다. 인류의 전체 에너지 수요가 폭증하면서 필요한 에너지 대부분을 지구로부터 빼앗아올 수밖에 없었고, 그 과정에서 에너지를 잃은 지구는 힘없이 주저앉고 있었던 것이다.

　그리고 왜 이처럼 인류의 에너지 수요가 폭증하게 되었는지를 살펴보니 상당 부분 우리의 불완전한 경제 패러다임에 그 원인이 있다는 사실을 발견하게 되었다. "소비가 미덕이다.", "성장은 지속된다.",

"속도 경쟁에서 이겨야 산다." 등 그동안 우리가 당연한 것으로 여겨 왔던 경제 패러다임의 구호들이 결국에는 에너지 수요의 폭증과 온갖 환경 문제들을 야기함으로써 우리 스스로의 발등을 찍는 결과를 빚어 놓고 있었던 것이다.

결국 자원 고갈 문제, 폐기물로 야기된 환경 문제, 에너지 문제, 경제 패러다임 문제는 모두 하나의 커다란 문제를 서로 다른 각도에서 본 것에 불과하다. 마치 장님들이 모여 코끼리를 만지면서 누구는 코가 길다, 누구는 귀가 얇다, 누구는 엉덩이가 뚱뚱하다며 딴소리를 하는 것과 같다. 따라서 이 모든 문제들에 대한 해결 방안은 비록 겉으로는 서로 다른 모습을 하고 있더라도 결국에는 모두 같은 방향을 지향해야 한다.

앞으로 자원이 부족해지는 시대에 우리의 경제 패러다임이 어느 방향으로 나아가야 할지는 명확하다. 자원, 환경, 에너지 문제에 대한 해결 방향을 찾았던 바로 그곳에서 새로운 경제 패러다임에 대한 올바른 단서를 찾게 되리라는 것을 알 수 있다. 하지만 사람들은 이러한 사실에 왠지 불편함을 느낄지도 모른다. 경제는 사회과학의 범주에 속하는데 왜 자원, 환경, 에너지를 다루는 자연과학의 영역에서 답을 구해야 하는지에 대한 일종의 거부감일 수도 있다.

그러나 자연과학에서 다루는 '물질' 시스템과 경제에서 다루는 '사회' 시스템이 크게 다르지 않다는 점에 주목할 필요가 있다. '사회' 란 각 개인과 개인이 모여 집단을 이루어 사는 모습이다. '물질' 도 그 속을 들여다보면 마치 사회처럼 원자나 분자와 같은 작은 개별 입자들이 한데 모여 서로 부대끼며 모여 있는 모습을 하고 있다. 다만 입자의 크기가 너무 작다 보니 그 모습이 우리 눈에 보이지 않을 뿐이다. 독립적인 개체들이 한데 모여 집단으로서의 특성을 나타낸다는 점에서 이 두 시스템은 많은 공통점을 가지고 있다. 따라서 입자들이 한데 모여 있는 자연의 물질세계를 관찰하는 과정에서 얻어진 자연과학의 이론적 모델이 사회적 현상을 이해하는 데 도움이 되는 경우를 종종 보게 된다. 앞에서 자원 고갈과 환경 문제, 그리고 인류의 에너지 문제 등의 사회적 측면을 열역학 이론을 통해 살펴보았던 사례가 대표적인 예이다.

그렇다면 이번에는 경제 패러다임의 문제를 다루는 데 적용할 수 있는 자연과학의 이론적 모델을 하나 더 도입해 보자. 바로 기체의 속성을 묘사한 '분자운동론 kinetic molecular theory'이라는 자연과학 이론이 그것이다.

열역학 이론은 가역적인 조건을 전제로 하기 때문에 변화의 속도가 매우 느린 정적인 상황에 딱 맞는 이론이다. 이와 달리 동역학 이론 kinetic theory 의 하나인 분자운동론은 모든 것들이 빠른 속도로 움직이면서 끊임없이 변하는 동적인 상태를 가정한다. 즉 열역학 이론과 분자운동론은 서로가 보지 못하는 영역을 보게 해 주는 상호 보완 관계에 있다. 그래서 화학자들은 어떤 화학 반응을 설명할 때 반드시 이 두 가지 이론을 모두 사용한다.

분자운동론의 관점에서 사회를 바라보면 열역학적인 관점에서 놓치고 지나쳤던 부분을 보게 되는데 그것은 바로 각 개인의 경제 활동 영역이다. 즉 각 개인의 경제 활동이 한데 모여 사회라는 한 집단의 속성을 어떻게 좌우하게 되는지 볼 수 있다. 이것은 경제 활동의 사회적 측면을 자연과학 이론을 통해 이해하는 상당히 흥미로운 예가 될 것이다.

분자운동론을 통해
사회를 보다

7

　　분자운동론은 제한된 크기의 용기 속에 들어 있는 일정 개수의 기체 분자들이 어떻게 행동하는지를 보여 준다. 개별 기체 입자들은 독립적이고 자유롭게 운동하며 입자들 간에 탄성 충돌을 한다고 가정하고 있다. 기체 입자들의 개별 운동과 이들 간에 일어나는 충돌의 결과로 기체는 집단으로서의 특정 속성을 나타내는데, 이를 묘사한 것이 바로 분자운동론의 핵심이다.

　기체 입자들이 한데 모여 있는 모습은 사람들이 모여 집단을 이룬 사회와 많은 점에서 닮아 있다. 운동은 그 입자가 가지고 있는 운동에너지가 겉으로 드러난 결과이므로, 운동하는 입자들이 집단으로서 나타내는 속성은 개별 입자의 운동에너지와 직접적인 상관관계에 있다. 따라서 분자운동론을 통해 사회를 바라보면 전체적으로 나타나는 사회 현상과 각 개인이 에너지를 얼마나, 그리고 어떻게 사용하는 지가 어떤 상관관계를 갖는지 엿볼 수 있다. 이뿐만 아니라 개인의 에너지 사용은 사실상 경제 활동과 연관되어 있기 때문에 분자운동 론을 통해 에너지와 경제 문제의 접점을 찾게 되면서 현대에 들어와 인류의 에너지 소비량이 왜 그토록 급증했는지에 대한 경제적 측면 도 발견하게 된다.

분자운동론은 공간을 날아다니는 한 무리의 기체 분자들이 탄성 충 돌로 방향과 속도를 바꾸면서 끊임없이 움직이는 상황을 가정하고 있다. 이때 입자가 얼마나 많은 운동에너지를 가지고 있는지는 그 입 자가 움직이는 속도에 반영된다. 입자의 날아가는 속도는 운동에너 지가 클수록 빨라진다. 다른 입자와 부딪치는 순간 운동에너지를 남 에게 건네주기도 하고 반대로 빼앗아 오기도 한다. 이 과정에서 입자 의 날아가는 속도는 느려지기도 하고 빨라지기도 한다. 그래서 각 입 자가 가진 운동에너지와 속도는 다른 입자들과의 충돌로 인해 수시 로 바뀌게 된다.

집단을 이룬 입자들 중에는 거북이처럼 느려 터진 입자도 있고 쏜 살같이 날아가는 재빠른 입자도 있다. 그런가 하면 대다수의 입자들 은 중간 정도의 평균 속도로 움직인다. 이들 입자들의 속도는 인접한 입자들과의 잦은 충돌로 수시로 바뀌기 때문에 결국에 가서는 속도 값의 특정한 통계적 분포를 나타내게 된다. 그래서 어떤 순간에 각 기체 분자들이 얼마나 빠른 속도로 움직이는지를 그래프로 그려보면 언덕을 따라 서서히 올라가다가 정점을 찍고 다시 내려가는, 즉 엎어

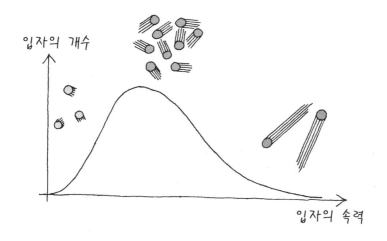

맥스웰-볼츠만 곡선은 특정 온도에서 닫혀 있는 용기 속의 기체 입자들이 얼마나 빠른 속도로 날아다니는지를 보여 준다. 매우 느린 속도에서 엄청나게 빠른 속도에 이르기까지 입자들은 특정한 속도 분포를 나타내는데 곡선의 최대점 근처에서 대부분의 입자들은 중간 정도의 속도를 갖게 된다.

놓은 종과 같이 생긴 속도 분포 곡선을 얻게 된다. 이 종 모양의 곡선을 '맥스웰-볼츠만 곡선' 또는 '속도 분포 곡선'이라고 한다. 맥스웰-볼츠만 곡선은 곡선의 정점 근처에서 대다수의 입자들이 중간 정도의 속도로 움직이고 있는, 우리들이 쉽게 상상할 수 있는 상식적이고도 일반적인 상황을 묘사하고 있다. 이때 일부 적은 수의 입자들은 곡선의 왼쪽 영역에서 매우 느린 속도로 움직이며 또 다른 소수의 입자들은 그 반대편에서 매우 빠른 속도로 움직이는 것을 알 수 있다.

이와 같은 기체 분자들의 운동 양상을 사회의 모습에 대비시키려면 일단 위치에너지와 운동에너지의 차이를 명확히 구별해야 한다. 분자운동론은 입자의 운동에 관련된 이론이기 때문에 입자의 위치에너지에 대한 정보는 전혀 다루고 있지 않다는 사실을 명심해야 한다.

즉 사회 현상을 분자운동론의 관점에서 보려면 운동에너지와 위치에너지에 해당하는 사회적 개념이 무엇인지 구별하여 운동에너지에 해당하는 사안에 대해서만 선별적으로 적용해야 한다.

우리가 가진 전체 에너지는 위치에너지와 운동에너지를 모두 합한 것이다. 그런데 위치에너지는 사용되지 않은 채 그대로 잠자고 있는 에너지이므로, 운동에너지로 전환되기 전까지는 자신의 존재를 드러내지 않는다. 반면에 운동에너지는 속도라는 형태로 자신의 모습을 드러낸다. 예를 들어 자신이 63빌딩 꼭대기에 올라가 있다고 가정해 보자. 빌딩 1층 로비에 있는 사람에 비해 자신은 63층 높이에 해당하

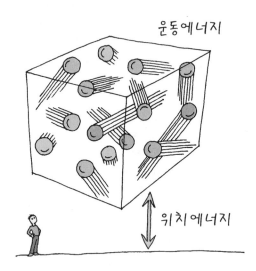

분자운동론은 일정한 크기의 용기 속에서 자유롭게 직선 운동을 하고 있는 기체 입자들을 기술한다. 입자들 간에 서로 끌어당기는 힘은 없고 서로 충돌할 경우에는 각도와 속도에 따라 물리 법칙이 그대로 적용되는 탄성 충돌을 한다고 가정한다. 입자들의 움직임, 즉 속도는 용기 속 입자들의 운동에너지가 얼마나 큰지를 반영한다. 용기 자체의 지면으로부터의 높이는 전체 입자의 위치에너지를 반영하는데 위치에너지와 입자들의 속도는 무관하다. 분자운동론은 입자들의 운동에너지에만 관련된 이론이기 때문이다.

는 더 큰 위치에너지를 가지고 있다. 하지만 둘 다 움직이지 않고 그 자리에 가만히 서 있는 한, 이들이 가진 위치에너지의 차이는 겉으로 드러나지 않는다. 이 두 사람이 빌딩 밖으로 뛰어 내려 자신의 위치에너지를 모두 운동에너지로 전환하게 되면 그때서야 그 차이가 얼마나 컸는지 드러나게 된다. 이들 둘 간의 운동에너지 차이가 눈으로 보이는 속도의 차이로 나타나기 때문이다. 이와 같이 위치에너지는 잠재되어 있는 에너지인 반면, 운동에너지는 사용되는 에너지이다. 위치에너지가 운동에너지로 전환되면서 그 모습을 드러내면 그 과정에서 일이나 열의 형태로 다른 곳으로 건너가 달아나 버리기도 한다. 때로는 자신의 운동에너지가 남에게 건너가기도 하고, 남의 운동에너지가 자신에게 넘어오기도 한다. 또 자신이 가지고 있던 운동에너지를 위치에너지로 바꾸어 잠재워 버리기도 하고, 잠자고 있던 위치에너지를 깨워 운동에너지로 바꾸어 사용하기도 한다.

그렇다면 사회 현상에서 어떤 것이 위치에너지이고 어떤 것이 운동에너지에 해당할까? 각 개인이나 사회가 가지고 있는 에너지의 크기를 나타내는 척도는 바로 화폐 가치이다. 식비, 난방비, 연료비, 관리비, 인건비 등 사람들이 돈을 쓰는 이유를 깊이 따지고 들어가보면 결국 자신이 필요로 하는 에너지원에 대한 대가를 화폐로 지불하고 있다는 것을 알 수 있다. 따라서 화폐로 환산한 모든 자산의 가치는 그 개인이나 사회가 보유하고 있는 총에너지의 크기를 나타낸다.

그런데 여기에는 경제 활동을 위해 활용되는 자산이 있는가 하면 그냥 아무것도 하지 않은 채 잠자고 있는 것들도 있다. 예를 들어 어떤 사람은 자신이 거주하고 있는 집을 담보로 은행 대출을 받아 사업자금으로 융통한다. 이처럼 화폐로 전환되어 경제 활동에 활용되고 있는 자산은 운동에너지에 해당한다. 마치 운동에너지가 속도의 형태로 자신을 드러내듯 사업자금으로 활용된 주택은 경제 활동이라는 형태로 그 모습을 드러낸다. 이와 달리 어떤 사람은 집을 자신의 주거 용도 이외에는 아무 곳에도 활용하지 않은 채 그대로 묵혀 둔다. 이처럼 잠자고 있는 자산은 위치에너지에 해당한다. 묵혀 둔 자산은 경제 활동에 활용되지 않기 때문에 겉으로 드러나지 않을 뿐만 아니라 실제로 거래가 이루어지기 전까지는 그 값이 얼마인지도 알 수 없다. 추정만 할 뿐이다. 이 두 경우는 사회 현상에서의 위치에너지와 운동에너지의 차이를 보여 주는 좋은 예이다.

장롱 속에 숨겨둔 현금, 금고 속 금붙이, 담보 기록이 전혀 없는 부동산, 골동품이나 그림 같은 현금화가 가능한 동산 등 경제 활동에 활용되고 있지는 않지만 언제라도 마음만 먹으면 동원할 수 있는 경제적 가치를 가진 모든 실물자산이 위치에너지에 해당한다. 남에게 빌려 준 자산이나 돈도 모두 위치에너지에 해당한다. 대표적인 예가 은행 예치금이다. 필요하면 언제라도 다시 받아내어 경제 활동에 활용할 수 있기 때문에 예금주에게 있어 은행 예치금은 잠재워 놓은 위치에너지에 해당한다. 하지만 은행에서 신용대출을 받아 이를 사업자금으로 융통하는 사람에게는 이 똑같은 돈이 운동에너지로 둔갑한다. 그리고 보면 은행은 한 쪽에서 위치에너지를 받아 다른 쪽에 운동에너지로 빌려 주는 일종의 에너지 변환 장치나 다름없다.

자산의 화폐 가치는 그것을 소유하거나 사용하는 사람이 가진 에너지의 크기를 나타낸다. 사용되지 않고 그대로 잠자고 있는 자산은 위치에너지에 해당하며 실질적인 경제 활동에 활용되고 있는 자산은 운동에너지에 해당한다. 따라서 아무리 부자라도 대부분의 자산을 위치에너지로 묶어 두고 있을 경우에는 보잘것없는 가난한 사람으로 보인다.

분자운동론은 운동에너지에 관련된 이론이기 때문에 이를 통해 사회를 보게 되면 앞에서 예로 든 위치에너지에 해당하는 자산의 가치는 고려하지 않아야 한다. 예를 들어 높은 가치의 부동산과 많은 액수의 은행 예치금을 가진 부자가 있다고 하자. 실제로 이 부자는 지극히 검소하고 절제된 생활을 한다. 주식투자는 물론 경제 활동도 활발히 하지 않는다. 분자운동론의 관점에서 보면 이 사람은 부자가 아니고 지극히 적은 운동에너지만을 사용하는 가난한 사람으로 간주해야 한다. 만일 모르는 사람이 길거리에서 이 부자를 마주치면, 오히려 남루한 옷을 걸친 가난한 사람으로 여길 수밖에 없는 것처럼 분자운동론의 관점을 사회에 적용하려면 겉으로 드러나는 경제 활동만 보게 된다는 점을 염두에 둘 필요가 있다.

맥스웰－볼츠만 곡선에서
우리 사회의
경제적 측면을 보다

8

　　　　　　사회에서의 경제 활동은 사람들 간의 금전
적 이해관계가 서로 충돌하는 현장이나 다름없다. 이러한 사회의 모
습은 여러 면에서 이리저리 충돌하면서 모여 있는 입자들의 행동과
닮아 있다. 사람들 간에 물건을 사고팔면서 최대한 이윤을 남기려는
행위는 입자가 충돌 과정에서 다른 입자의 에너지를 가져와 자신의
운동에너지를 높이려는 것과 같다. 많은 자산을 동원하면서 공격적이
고 빠른 행보를 보이는 사업가의 모습은 운동에너지가 커서 빠른 속
도로 날아다니는 입자에 대비된다. 한 쪽은 대박을 터뜨리며 사업이
번창하고, 다른 한 쪽은 가게 문을 닫고 빈털터리가 되는 모습은 마치
서로 에너지를 뺏고 빼앗기며 충돌하는 입자들을 보는 것만 같다.

　이때 입자가 가지고 있는 운동에너지는 각 개인이 얼마나 많은 자

산을 경제 활동에 투자하고 있는지에 해당하며, 그 크기가 클수록 경제 활동 속도가 빨라지는 것을 나타낸다. 이것은 마치 가난한 사업가는 걸어 다니며 업무를 보고, 손 큰 투자자는 개인 전용기를 타고 세계를 누비는 것과 같다. 이처럼 사회의 수많은 사람들이 서로 부대끼면서 경제 활동에 참여하고 있는 모습은 분자운동론의 관점에서 입자의 속도, 즉 운동에너지가 어떤 분포를 갖는지를 나타낸 맥스웰-볼츠만 곡선에 비유할 수 있다.

맥스웰-볼츠만 곡선은 대부분의 입자들이 평균값 근처의 속도를 갖고 중간 부분에 모여 있는 모습을 보여 주고 있다. 사회로 치면, 이것은 주류를 이루고 있는 중산층에 해당한다. 이를 중심으로 곡선의 왼쪽 시작 부분은 에너지가 극히 적은 소수의 빈곤층에 해당하며, 곡선의 오른쪽 끝부분은 상위 계층을 이루는 소수의 부유층에 해당한다. 특정 사회의 구성원들이 경제 활동을 위해 활용하고 있는 자산 가치의 규모가 어떤 분포를 갖는지 그 실체가 분자운동론의 맥스웰-볼츠만 곡선과 정확하게 일치하지는 않지만 전체적인 구성이나 경향성은 여러 면에서 유사성이 많다.

한 예로 온도가 높아짐에 따라 맥스웰-볼츠만 곡선의 모양이 어떻게 바뀌는지를 경제 규모가 급격하게 성장할 때 일어날 수 있는 여러 사회적 현상에 대비시켜 보자. 입자의 운동에너지는 온도의 함수이기 때문에 온도가 올라간다는 것은 전체 입자들이 가지고 있는 운동에너지의 총량이 증가한다는 것을 의미한다. 사회로 치면 온도가 높아진다는 것은 GDP가 증가하고 전체 경제 규모가 커지면서 경제 활동을 위해 사용되는 사회 전반의 에너지 소비량이 많아지는 것을 의미한다. 이때 경제 활동을 위해 소비되는 에너지는 입자로 치면 운동에너지에 해당한다는 점을 항상 염두에 둘 필요가 있다. 경제 활동에 투자하지 않고 묵혀 둔 자산은 위치에너지에 해당하기 때문에 경제 지표에는 나타나지 않고 잠재되어 있다.

지속적으로 GDP가 성장하며 수년 간 빠른 속도로 경제 규모가 팽창하면 사회에서는 빈부 격차의 확대, 부의 쏠림 현상, 빈곤층과 중산층의 상대적 박탈감 등의 부정적인 현상들이 나타난다. 과연 기체 분자의 경우에도 온도가 올라가면 이러한 사회적 양상에 해당하는 일들이 일어나는지 분자운동론의 내용을 살펴보자.

기체 분자들을 담고 있는 용기의 온도를 높이면 입자들의 운동에너지가 전반적으로 증가하면서 맥스웰-볼츠만 곡선의 모양도 바뀌기 시작한다. 곡선의 형태가 마치 종의 윗부분을 짓누른 것처럼 옆으로 펑퍼짐하게 퍼지면서 빠른 입자와 느린 입자 사이의 속도 격차가 크게 벌어지는 것이다. 통계적으로 각 퍼센트 구간의 비율은 그대로 유지되지만 전반적인 분포가 위아래로 넓어지다 보니 마치 중간 속도를 갖는 분자들의 비중이 줄어드는 대신 느리거나 빠른 속도의 분자들이 상대적으로 늘어난 것 같은 느낌을 받게 된다. 특히 주목할 것은 곡선의 오른쪽 끝부분에 위치한 빠른 입자들의 속도 값이 매우 커져 전체 운동에너지에서 이들 소수의 빠른 입자들이 가지고 있는 에너지의 상대적인 점유 비율이 큰 폭으로 증가한다는 사실이다.

이와 같이 온도가 높아졌을 때 기체 분자들이 집단적으로 나타내는

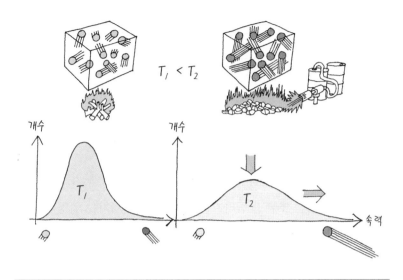

시스템의 온도가 높아지면 전체 운동에너지가 증가하면서 맥스웰-볼츠만 곡선의 형태가 위에서 눌리면서 옆으로 펑퍼짐해지는 모습으로 바뀌게 된다. 이때 입자의 전체 개수에 해당하는 곡선의 아랫부분의 면적은 항상 일정하다. 온도가 올라가면 전체적으로 중간 영역의 비중(중산층)은 작아지고 곡선의 양 극단(극빈층과 부유층)이 차지하는 비중은 상대적으로 늘어나는 것처럼 보인다. (실제로 각 구간%는 일정하다.) 느린 입자와 빠른 입자의 속도 차이(빈부 격차)도 더욱 큰 폭으로 벌어진다. 그뿐만 아니라 전체 운동에너지에서 오른쪽 끝에 위치하는 빠른 입자가 차지하는 상대적인 비중도 온도가 높아질수록 점점 커진다('상위 1%' 현상).

양상은 한 나라의 GDP가 늘어나고 경제 규모가 커지면서 유독 눈에 띄게 드러나기 시작하는 부정적인 사회 현상들과 매우 닮아 있다. 경제 규모가 커지는 데 따라 빈부 격차가 더욱 크게 벌어지고, 이에 따라 중산층은 줄어들고 상대적으로 빈곤층과 부유층이 늘어난 것으로 여기는 양상이 바로 그것이다. 전체 부에서 상위의 소수 부유층이 점유하는 비율이 큰 폭으로 증가하는 사회적 현상도 온도가 올라감에 따라 전체 운동에너지에서 빠른 입자들이 점유하는 에너지 비율이 커지는 것과 그대로 닮아 있다.

온도가 증가하면서 맥스웰-볼츠만 곡선이 변하는 모습에서 특히 주목할 부분은 온도 증가에 따라 각 입자의 속도가 얼마나 큰 폭으로 증가하느냐가 속도 영역에 따라 확연히 다르다는 사실이다. 곡선의 왼쪽 느린 영역에서는 온도가 올라가더라도 속도가 빨라지는 폭이 그렇게 크지 않지만 반대쪽의 빠른 영역으로 갈수록 온도에 따른 속도 증가폭이 커지는 것을 보게 된다. 이것은 전체 온도가 올라가게 되면 느린 입자는 조금만 빨라지는 데 비해 빠른 입자는 엄청나게 큰 폭으로 빨라진다는 것을 의미한다. 이것은 사회로 치면 매우 바람직하지 못한 현상이다. 왜냐하면 전체 경제 규모가 팽창하면서 사회의 온도가 급격하게 올라가는 시기에는 경제 활동에 활용되는 자산 규모가 크면 클수록 더 큰 폭으로 자산이 늘어난다는 것을 의미하기 때문이다. 손 큰 투자자는 그만큼 더 많은 이윤을 챙겨가게 된다는 것이다. 그러다 보니 빈곤층은 적은 폭이지만 자산이 늘어났음에도 불구하고 큰 폭으로 자산을 불린 부유층과 비교하여 심한 상대적 박탈감을 느끼게 되고, 이로 인해 오히려 자신은 전보다 더 가난해졌다고 여기면서 이를 부익부 빈익빈 현상으로 받아들이게 된다. 경제가 급속하게 발전하면 빈부 격차가 더욱 벌어지면서 상대적 박탈감이 심화되는 원리를 여기에서 엿볼 수 있다.

그렇다고 해서 경제 규모가 팽창하는 것을 부정적으로만 볼 필요는 없다. 왜냐하면 각 개별 입자에게 있어 그와 같은 상황이 그다지 오래 지속되지 않기 때문이다. 겉으로는 아무 일 없어 보이지만 용기 안에서는 충돌을 거듭하는 입자들 간에 엎치락뒤치락 서로 자리를 바꾸는 요란한 상황이 벌어지고 있다. 수많은 입자들이 좌충우돌하며 서로 에너지를 뺏고 빼앗기며 속력과 방향을 수시로 바꾸면서 이리저리 날아다니고 있어 어떤 입자도 한 자리에 그대로 오래 머무를 수 없다. 경우에 따라서는 기어가던 입자가 뒤에서 빠른 속도로 날아온 입자와 충돌하면서 서로의 운명을 맞바꾸기도 한다. 이것을 사회에 적용해 보면 비록 지금은 빈곤층일지라도 시간이 지나면 언제든지 부유층이 될 수 있다는 것을 의미한다.

　그렇다면 각 입자는 다른 입자와 충돌하기 전까지 얼마나 오랫동안 원래 상태를 유지할 수 있을까? 분자운동론의 이론을 보면 입자들이 얼마나 자주 충돌하는지를 나타내는 '충돌빈도수collision frequency' 가

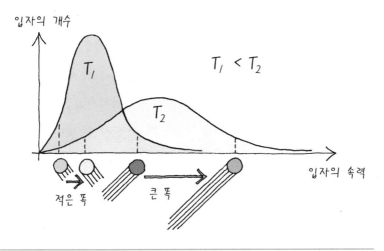

온도가 높아져서 전체 운동에너지가 증가할 경우 맥스웰-볼츠만 곡선의 형태가 바뀌면서 개별 입자의 속도도 전체적으로 빨라진다. 이때 느린 입자의 속도가 증가하는 폭은 비교적 작지만 빠른 입자의 속도가 늘어나는 폭은 상대적으로 크다. 이를 경제 활동에 적용하면 경제 규모가 급작스럽게 팽창하는 국면에서는 과감한 투자를 할수록 더 큰 이윤을 낸다는 것을 의미한다(부익부 빈익빈).

입자나 사람의 움직이는 속도가 전체적으로 빨라지면 충돌빈도수도 덩달아 증가한다. 온도가 올라가면 잦은 충돌로 수시로 자신의 운명이 뒤바뀌게 되는 것이다. 비록 손 큰 투자자일수록 더 큰 수익을 내지만 하루아침에 다 날려버리고 쪽박을 찰 확률도 그만큼 커지게 된다.

절대온도의 제곱근 $T^{\frac{1}{2}}$ 에 비례한다는 사실을 알 수 있다. 이것은 온도가 올라가면 날아다니는 입자들이 더 빈번하게 충돌한다는 것을 의미한다. 온도가 올라가면 전반적으로 입자의 날아다니는 속도가 빨라지면서 충돌과 충돌 사이에 움직인 비거리는 멀어지지만 그 대신 다른 입자와의 충돌로 운명이 뒤바뀔 확률은 더 높아진다는 것이다.

입자들에서 관찰되는 이러한 현상을 사회에 적용해 보면 GDP가 성장하면서 경제 활동이 활발해지는 국면에서는 투자 규모를 키우면 더 큰 수익을 낼 수 있지만 동시에 이를 금방 다 날려버리고 하루아침에 다시 쪽박을 차게 될 확률도 그만큼 높아진다는 것을 알 수 있다. 이윤profit과 위험risk이 손을 맞잡고 동시에 증가하게 되는 것이다.

분자운동론의
첫 번째 가정 '자유' :
개별 입자는 자유롭다

9

        분자운동론의 관점에서 본 사회 변화의 양상은 그동안 경제 규모가 커지는 것을 무조건 긍정적인 눈으로만 보아왔던 우리들에게 작은 파문을 던진다. 경제 활동의 규모가 커지고 전체 에너지 소비량이 늘어나 사회의 온도가 올라가면 빈곤층과 중산층의 박탈감은 늘어나고 빈부 격차는 더욱 벌어진다. 부자가 하루아침에 거지가 되는가 하면 거지가 하루아침에 돈벼락을 맞는 일도 일상적으로 일어난다. 일상의 모든 것들이 정신없이 빠르게 움직이고 사람들 간의 충돌은 잦아지며 운 좋게 손에 움켜쥐었다 싶으면 순식간에 빠져나간다.

  이와 같은 사회적 변화가 찾아온다면 과연 경제 발전은 각 개인에게 진정 바람직한 것일까? 물론 금방 다 날려버리는 한이 있더라도 한번쯤 돈벼락을 맞아보고 싶은 사람도 있을 것이다. 일종의 복권을 사는 심리이다. 하지만 경제적 여건이 수시로 변하고 미래를 예측할 수 없게 되면 많은 경우 개인적인 삶의 질이 오히려 낮아지는 역설적인 결과로 이어질 우려가 있다.

그렇다면 분자운동론의 관점에서 예측한 이와 같은 사회적 현상들은 한 나라의 GDP가 증가하고 경제 규모가 커지면 필연적으로 오게 되는 것일까? 반드시 그렇지는 않다. 왜냐하면 분자운동론은 몇 가지 중요한 가정들을 전제로 하고 있는데 그것이 현실과는 사뭇 다를 수 있기 때문이다. 분자운동론은 기체를 묘사하기 위해 고안된 이론이기 때문에 각 입자들의 행동이 최대한 자유롭다는 가정을 전제로 하고 있다. 특정한 공간에 갇혀 있다는 사실 이외에는 입자들에게 가해지는 어떠한 제한도 없고 직접적으로 충돌하는 경우를 제외하고는 입자들 사이에 어떠한 상호작용도 존재하지 않는다고 가정한다. 따라서 액체나 고체처럼 이러한 전제 조건이 충족되지 않는 시스템에서는 분자운동론을 적용할 수 없다.

사회적 현상을 분자운동론의 관점에서 해석하려면 일단 그 사회를 구성하고 있는 각 개인의 자유가 최대한 보장되어 있는지 먼저 살펴볼 필요가 있다. 만약 경제 활동에 있어서 개인의 자유가 상당히 보장되어 있는 사회라면 아마도 분자운동론에 입각하여 예측할 수 있었던 사회적 현상들이 주변에서 일어나는 것을 보게 될 확률이 매우 크다.

또한 우리 주변에서 일어나는 사회적 변화가 분자운동론의 관점에서 예측한 결과와 많은 면에서 부합하는 것으로 관찰된다면, 그것은 그 사회의 구성원들이 비교적 제약을 받지 않고 자유롭게 경제 활동을 하고 있다는 것을 반증하는 것이기도 하다. 흥미로운 것은 단기간에 경제가 급성장했던 나라들에서 문제가 되고 있는 빈부 격차의 심화와 부의 편중 현상이 분자운동론에서 맥스웰-볼츠만 곡선이 빚어낸 모습과 많은 부분에서 닮아 있다는 점이다. 제도적 규제를 최소화하고 개인의 자유를 최대한 보장해야 한다고 주장한 신자유주의가 경제를 주도했던 시기에 그러한 현상이 일어났다는 것이 과연 우연의 일치일까?

분자운동론의 관점에서 사회를 보면 경제 활동에서의 개인의 자유가 최대한 보장되는 조건에서는 부의 쏠림 현상이 어떤 형태로든 사회 구성원들에게 골칫거리를 안겨 주게 되리라는 것을 짐작할 수 있다. 신자유주의를 신봉하는 경제학자들은 모든 것이 '보이지 않는 손'에 의해 각 개인의 이익이 극대화되는 방향으로 움직일 것이라고 역설하는데, 그 결과가 결국 부의 쏠림 현상으로 나타난다는 것은 매우 아이러니하다.

더구나 분자운동론의 관점에서 보면 사회의 온도가 올라가면 충돌 빈도수가 증가하면서 수시로 부가 다른 사람에게 전이되어야 마땅한데, 어떤 이유로든 이 현상이 억제된다면 문제는 더욱 심각해진다. 그렇게 되면 부의 쏠림 현상이 심화되는 동시에, 활성화되어야 할 부의 전이와 분배가 억제되면서 가진 자는 갈수록 부자가 되고 없는 자는 결국 파산의 나락으로 떨어지는 이상한 일이 벌어지게 된다. 실제로 2000년대 금융위기로 촉발된 전 세계적인 경제 혼란은 그와 같은 상황이 우리나라는 물론 세계 여러 선진국들에서도 현실이 되어 나타났음을 여실히 보여 준다. 그렇다면 이 부분에서 왜 예상되는 결과를 벗어난 것일까? 그 이유를 분자운동론에서 전제로 하고 있는 또 하나의 매우 중요한 가정에서 찾아볼 수 있다. 그것은 바로 입자들 간의 충돌은 '탄성적'이라는 가정이다.

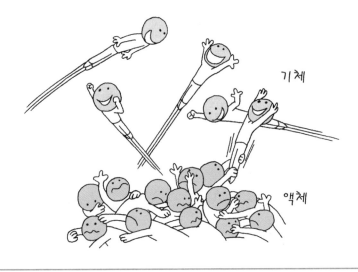

분자운동론의 첫 번째 가정은 모든 입자들의 운동이 어디에도 얽매이지 않고 자유롭다는 것이다. 입자들 간에 서로 끌어당기는 인력이나 밀쳐 내는 반발력은 무시할 수 있을 정도로 작거나 없다고 가정한다. 사회로 치면 인맥이나 학맥과 같은 심정적 요인들이 배제된 오로지 경제적 손익 관계만이 개입된 순수한 경제 활동이 여기에 해당한다.

분자운동론의
두 번째 가정 '평등' :
입자들 간의 충돌은 탄성적이다

⑩

　　　　　분자운동론은 입자의 행동에 관한 두 가지
중요한 가정을 전제로 하고 있다. 하나는 입자의 운동은 최대한 자유
롭다는 것이고, 또 다른 하나는 입자들 간의 충돌이 탄성적이라는 것
이다. 탄성 충돌은 입자들이 서로 부딪힐 때 에너지 보존 법칙과 뉴턴
의 운동 법칙이 모두에게 예외 없이 적용된다는 것을 의미한다. 당구
의 예를 들면 쉽게 이해할 수 있다. 강한 스트로크로 가격한 당구공이
정지해 있던 다른 공을 정면에서 때리면 이 두 당구공의 운명은 충돌
순간에 뒤바뀌어 달려가던 공은 정지해 버리고 서 있던 공은 튀어나
가게 된다. 운동에너지가 한 쪽에서 다른 한 쪽으로 건너간 것이다.

　충돌 시에 운동 법칙이 적용되는 방식에 있어서 예외는 없다. 얼마
만큼의 운동에너지를 주고받는지는 충돌할 때의 각도와 방향 그리고

각도, 방향, 속력..

예측 가능

분자운동론의 두 번째 가정은 입자들 간의 충돌이 항상 탄성적이라는 것이다. 충돌이 탄성적이라는 의미는 어떤 입자이건 에너지 보존 법칙과 뉴턴의 운동 법칙이 그대로 적용된다는 것을 의미한다.

힘의 세기에 의해서 결정된다. 어떤 입자에 대해서건 예외 없이 똑같은 운동 법칙이 적용된다는 점에서 탄성 충돌이라는 가정은 집단을 구성하는 모든 입자들이 평등하다는 의미를 내포하고 있다.

맥스웰–볼츠만 곡선이 보여 주는 속도 분포는 겉으로 보기에는 매우 정적인 모습을 띠고 있지만 그 속을 들여다보면 매우 혼란스럽고 동적인 상황이 전개되고 있다. 끊임없이 충돌하는 입자들은 가지고 있던 운동에너지를 서로 주거니 받거니 하면서 어떤 때는 빠르게 날아다니다가 또 어떤 때는 매우 느리게 기어간다. 어떤 입자도 한 자리에 오랜 시간을 그대로 머무는 일이 없다. 사회로 치면 개인과 기업들이 경제 활동을 통해 끊임없이 서로 부대끼면서 때로는 수익을 내는가 하면 때로는 손해를 보는 것과 같다. 예를 들면 창의적인 아이디어로 벤처를 시작한 가난한 젊은이가 과거에 안주한 채 안이해져 있던 거대 기업을 쓰러뜨리고 그 자리를 대신하는 것과 같다. 그렇다고 해서 새롭게 떠오른 기업에게 보장된 것은 아무것도 없다. 끊임없이 새로운 모색을 하지 않으면 또 다른 벤처 기업과의 충돌에서 곤두박질치는 운명을 맞게 될 것이다. 엎치락뒤치락하는 이러한 모습은 경제 활동에서 새것이 헌것을 끊임없이 대체하는 선순환의 한 단면을 보여 준다.

그런데 만약 충돌이 탄성적이라는 가정이 지켜지지 않으면 어떤 상황이 전개될까? 예를 들어 두 입자가 충돌할 때마다 빠른 입자는 계속 빨라지고 느린 입자는 계속 느려진다면 말이다. 이와 같이 탄성 충돌에서 벗어난 조건이 지속되면 입자들은 결국 두 부류로 분리된 극단적인 속도 분포를 갖게 된다. 사회로 치면 중산층이 붕괴되어 버리고 극빈층과 부유층으로 양분되는 현상이 나타난다. 더구나 빠른 쪽과 느린 쪽으로 나뉜 이 두 집단 사이에는 어떤 입자도 자신이 속한 영역에서 다른 쪽으로 건너갈 수 없게 된다. 어느 한쪽에 소속되는 순간 그것은 자신의 운명이 되어 버린다. 이것은 마치 어떤 마술적인 힘에 의해 실온에서 그릇에 담겨 있던 물이 얼음과 수증기로 분리된 것과 같다. 하나의 그릇에 얼음과 수증기가 함께 공존하는 상황은 결코 오래 지속될 수 없다. 이러한 부자연스러운 상태를 유지하려면 엄청난 에너지가 있어야 하며 에너지가 부족해지는 순간 모든 것이 붕괴해 버리는 운명을 맞게 된다.

경제 활동에 있어서 법의 잣대가 공평함을 잃게 되면 중산층을 몰락시키고 사회 양극화를 초래하여 결국에는 급격한 사회 몰락을 야기하는 결과를 초래한다. 그러한 오류를 계속 반복해 왔던 오랜 역사를 통해 인류가 얻게 된 지혜는 바로 '법 앞에 평등' 이라는 구호이다.

    사회에서 일어나는 경제 활동도 이와 마찬가지이다. 개인이나 기업 간의 경제 활동이 탄성 충돌에서 벗어나기 시작하는 가장 흔한 경우는 이들 사이에 지켜져야 할 법칙이 평등하게 적용되지 않았을 때이다. 사회 구성원 누구에게나 예외 없이 똑같이 적용되어야 할 법이 강자에게는 관대하게, 약자에게는 있는 그대로 적용되는 사례가 대표적인 예이다. 특히 경제사범과 관련된 법이 불평등하게 적용되기 시작하면 그 결과는 매우 참담해진다. 그렇게 되면 경제 활동에서 항상 가진 자가 없는 자의 것을 가져가는 결과가 빚어진다. 자신의 위치를 확고히 다진 강자는 굳이 자기개발에 정진할 필요도 없어진다. 게임의 결과는 이미 나와 있기 때문이다. 이 경우 아무리 많은 벤처 기업들이 기발한 아이디어와 주도면밀한 사업 계획을 가지고 시장에 뛰어 들어도 이미 자리를 굳힌 거대 기업의 배만 불리는 결과를 낳고 만다. 아이디어는 빼앗기고 사업 계획은 헐값에 넘어간다.

그와 같은 상황이 얼마간 지속되면 그 사회의 구성원들은 마침내 두 부류로 나뉘기 시작한다. 한편에서는 잘 나가는 기업들이 몸집을 불려가며 갈수록 그 힘을 더해 가고, 다른 한편에서는 도산으로 내몰리는 작은 기업들과 모든 것을 잃어버린 힘없는 개인들이 늘어난다. 비탄성적인 충돌이 계속될수록 그러한 상황은 더욱 악화된다.

분자운동론에서 입자들 간의 충돌이 탄성적이라는 가정이 깨지면 입자들은 두 부류로 갈라지게 된다. 사회도 마찬가지여서 경제 활동에서의 평등이 깨지면 중산층이 와해되면서 부의 양극화가 진행되고 결국 사회는 두 개의 반목하는 계층으로 나뉘게 된다. 즉 하나의 공간에 얼음과 수증기가 공존하는 그와 같은 불안정한 상태는 결코 오래 지속되지 않는다.

우리는 과거 역사를 통해 이러한 상황이 지속되면 사회가 어떤 방식으로 몰락할지 너무나 잘 알고 있다. 혁명적 붕괴가 바로 그것이다. 그렇다고 해서 그것이 끝은 아니다. 마치 한 그릇에 담긴 얼음과 수증기가 다시 물로 되돌아가듯 대부분의 운동에너지를 상실한 채 활력을 잃고 무너진 사회는 바닥에서부터 다시 새로운 시작을 모색한다. 혁명적 붕괴를 통해 호된 사회적 대가를 치르고 나서야 사람들은 깨닫는다. '법 앞에 모든 이가 평등'하다는 것이 얼마나 중요한 사회적 가치인지를!

탄성 충돌에서 벗어나면
사회는 몰락을
향해 나아간다

⑪

최근 월 가에서 시작되어 전 세계로 번져
나간 금융위기로 인해 그동안 수면 아래 잠재되어 있던 사회적 문제
들이 속속 그 모습을 드러내기 시작했다. 우리나라도 예외가 아니다.
각 나라마다 서로 다른 모습을 하고 있지만 이들을 관통하는 일관된
현상은 부가 한쪽으로 쏠리면서 빈부 격차가 벌어지고 경제적 선순
환마저 정체되면서 빈부의 세습으로 인한 계층 분리가 진행되고 있
다는 것이다. 더구나 과거에는 일부 소수의 국가에서나 진행되었음
직한 사회적 변화가 세계화로 인해 전 세계가 하나의 경제권으로 묶
이면서 자칫 전 세계적인 현상이 될 위험마저 안고 있다.

이러한 사회 현상을 분자운동론의 관점으로 해석하면 무엇이 문제
이고 어떤 방향으로 해결책이 모색되어야 할까? 일단 분자운동론에

서 전제로 삼고 있는 두 가지 가정을 사회에 적용해 보자. 먼저 입자들이 최대한 자유로워야 한다는 가정은 경제 활동에서의 각 개인의 자유가 최대한 보장되어야 한다는 것을 의미한다. 그리고 입자들 간의 충돌이 항상 탄성적이라는 가정은 적어도 경제 활동에 관한 한 법의 잣대가 모든 개인이나 기업에게 평등하게 적용되어야 한다는 것을 의미한다.

21세기에 들어와 전 세계는 분명 그동안의 어떤 시대에서도 누려 보지 못했던 자유의 시기를 만끽해 왔다. 쇠락하는 공산주의를 대신하여 민주주의가 신장되었고 신자유주의의 물결과 함께 경제 활동에서의 자유도 극대화되었다. 따라서 첫 번째 가정은 어느 정도 충족된 것으로 보인다. 빈부 격차가 크게 벌어지고 소수의 상위 계층이 전체 부의 대부분을 점유하고 있는 현실은 분자운동론의 관점에서 보았을 때 실제로 경제 활동에서의 자유가 최대한 보장되었음을 반증한다.

문제는 충돌이 탄성적이어야 한다는 두 번째 가정이 현실에서는 잘 지켜지지 않는다는 데 있다. 당구공은 서로 충돌하는 각도와 상대적인 속도에 따라 상대방에게 자신의 운동에너지를 빼앗기기도 하고 상대방에게서 운동에너지를 빼앗아 오기도 한다. 그런데 현실에서는 어떻게 충돌했는지에 상관없이 느린 공은 항상 빼앗기고 빠른 공은 항상 빼앗는 이상한 상황이 빚어지곤 한다. 흥해야 할 자는 흥하고 망해야 할 자가 망하는 것이 당연할 텐데 언제부터인지 그러한 상식이 설득력을 잃기 시작했다. 상식적으로도 이해되지 않는 방식으로 흥망의 운명이 뒤바뀌는 일이 벌어지기도 하는 것이다.

사회적으로 탄성 충돌의 조건이 지켜져서 계층 사이의 이동이 자유롭고 빈번하다면 빈부 격차 자체는 큰 문제가 아닐 수도 있다. 경제의 선순환 구조 속에서 능력을 키우고 약간의 운만 따라 준다면 누구나 부자가 될 수 있기 때문이다. 물론 언젠가는 자신도 자리를 내어 주고 다시 아래로 내려가야 한다. 그래서 누구나 계단을 올라 꼭대기를 밟는 꿈을 꾸게 되고 그 꿈이 현실이 될 것이라는 희망을 품게 된다. 소위 기회의 땅이라는 것은 분자운동론에서의 자유와 탄성 충돌의 두 가정이 모두 딱 들어맞는 곳을 말하는 것이다.

　하지만 안타깝게도 경제 규모가 커지면서 사회는 오히려 분자운동론의 두 번째 가정인 탄성 충돌의 조건에서 점점 더 멀어져 가는 모습을 보이고 있다. 강자는 항상 거머쥐었던 것을 놓지 않으려고 탄성 충돌을 피해갈 방법을 찾게 된다. 그리고 이들이 동원하는 방법에는 거의 예외 없이 법의 허점과 부도덕한 요소가 개입된다. 사회적으로 그러한 시도가 묵인되고 심지어 받아들여지기까지 하면 어떤 결과가 나타날지는 분자운동론의 관점에서 너무나 명확하다. 바로 계층의 양극화이다. 양극화 현상이 해소되지 않은 채 지속되면서 사회 불안이 야기되면 결국 혁명적 붕괴로 이어지기도 한다.

　그런데 예나 지금이나 왜 인류의 역사는 온통 혁명적 사회 붕괴로 점철되어 있는 것일까? 계층의 양극화가 일어나 사회 불안이 고조되기 시작하는 단계에서 그 근본 원인이 되는 사회적 요인을 수정하면 되는데 왜 자기 파멸적 단계로 넘어가 버렸던 것일까? 그 근원은 바로 인간 내면에 웅크리고 있는 탐욕에 있다.

행동을 좌우하는 정신세계를 가지고 있다는 점에서 인간은 근본적으로 기체 입자와 다른 측면을 가지고 있다. 그중에서도 경제 활동에 있어 가장 큰 영향을 미치는 부분이 바로 탐욕이다. 탄성 충돌을 피해가기 위해 부정한 방법이 동원되고 권력이 남용된다. 무조건 거머쥐려고만 하고 한번 잡은 것은 수단과 방법을 가리지 않고 놓지 않으려고 하는 탐욕은 경제 활동에서의 이해관계가 충돌하는 현장에서 평등한 법의 적용을 저해하는 주된 요인으로 작용한다. 따라서 사회적으로 탄성 충돌의 가정이 만족되려면 인간에게 내재하는 탐욕을 잠재우는 눈물겨운 노력이 수반되어야 한다. 즉 사회 구성원의 전반적인 도덕 수준이 고양되어야 하며 법의 정교함이 극대화되어야 한다.

하지만 이러한 노력과 변화가 최대한 자발적으로 일어나야 한다는 데 딜레마가 있다. 만약 탐욕을 잠재우는 과정이 누군가의 강제적 개입에 의해 이루어진다면 더 큰 문제가 발생하게 된다. 탐욕을 강제적으로 억누르는 과정에서 첫 번째 가정인 경제 활동에서의 자유마저 잠식하게 되는 의도하지 않은 결과를 낳기 때문이다. 그래서 한 사회가 경제 활동에서의 자유와 탄성 충돌의 두 조건을 모두 만족시키는 모습으로 변해가는 과정은 매우 느릴 수밖에 없다. 각 개인에게는 자기 자신의 탐욕을 다스리는 각고의 노력과 인내가 요구된다. 결국 그와 같은 모습의 사회는 오랜 시간이 흘러 사회 구성원들 사이에 이 두 조건을 너무나 당연한 것으로 여기는 풍토가 문화로서 정착되었을 때 비로소 실현된다.

개인의 현명한 선택이
엄청난 규모의
에너지를 절약한다

⑫

        분자운동론은 기체 물질에 대한 이론적 모델에 불과하다. 실제 기체의 행동 양상은 이론과 상당히 벗어날 때도 많다. 특히 입자들 간에 강한 인력이 작용할 경우 분자운동론의 예측은 크게 빗나간다. 마찬가지로 분자운동론의 관점에서 바라본 사회의 모습도 우리의 현실과 정확히 일치하지 않는다. 그럼에도 불구하고 자본주의 경제 체제에서 부각되는 특징적인 사회적 현상들을 분자운동론의 이론적 모델로 설명할 수 있다는 점이 매우 흥미롭다. 무엇보다 눈길을 끄는 것은 자본주의 경제 체제에서 근간으로 삼고 있는 개인의 자유와 법 앞에서의 평등이라는 두 가지 사회적 가치가 분자운동론에서의 두 가지 중요한 가정에 그대로 부합한다는 사실이다.

    그렇다면 역으로 다음과 같이 가정해 보자. 분자운동론과 경제 활동에서의 전제 조건이 서로 일치하므로 분자운동론의 관점에서 바라본 사회의 모습은 허용할 수 있는 오차 범위 안에서 상당히 정확하다고 가정하는 것이다. 그런데 이러한 가정하에서 사회의 모습을 상상해 보면 왠지 좋아 보이지만은 않는다. 경제 발전과 함께 찾아오는 빈부 격차와 부의 쏠림, 투자 시장에 상존하는 부익부 빈익빈 현상과 이해관계가 충돌하는 현장에서 수시로 뒤집히며 희비가 엇갈리는 개인의 운명 등은 더운 피와 도전 정신으로 무장한 젊은이에게는 한 번쯤 뛰어들어 휘젓고 다녀봄직한 현장일지 모른다. 하지만 엄청난 정신적 스트레스를 감수할 수밖에 없어 보인다. 지긋하게 나이가 든 사람이라면 아무래도 그러한 현장의 한가운데 서 있고 싶은 마음이 없을 것이 분명하다.

만약 그와 같은 상황에서 개인적으로 조금이라도 안정된 상태에 벗어나 있고 싶다면 어떻게 하는 것이 현명할까? 그 열쇠는 바로 위치에너지에 있다. 자신의 운동에너지를 기회가 될 때마다 위치에너지로 바꾸어 놓는 것이 어지럽혀진 상황에서 벗어나 있는 최선의 방법이다. 그렇게 되면 자신은 실제로 많은 에너지를 가지고 있으면서도 정작 속도에 기여하는 운동에너지는 적기 때문에 맥스웰-볼츠만 곡선의 왼쪽 느린 영역에 위치하게 된다. 대부분의 나머지 입자들은 더 빠른 속도로 움직이기 때문에 맥스웰-볼츠만 곡선의 느린 영역에 위치한 입자는 다른 입자와 충돌할 때 자신이 가지고 있던 운동에너지를 잃을 확률보다는 얻을 확률이 더 크다. 물론 탄성 충돌의 가정이 지켜질 때의 이야기이다.

만약 충돌을 통해 운동에너지를 얻어 속도가 빨라졌을 때, 또 다른 충돌로 운동에너지를 잃어버리기 전에 얼른 위치에너지로 바꾸어 놓을 수 있다면 어떻게 될까? 그렇게 되면 충돌 없이도 운동에너지가 줄게 되고 속도가 느려져 다시 원래 있던 느린 영역으로 되돌아가게 된다. 그리고 그 과정에서 자신의 위치에너지는 창고에 에너지가 쌓이듯 계속 증가한다.

그렇다면 구체적으로 어떻게 하는 것이 자신의 운동에너지를 위치에너지로 바꾸는 것일까? 일상생활을 위한 지출과 이윤 창출을 위한 투자는 개인의 경제 활동으로 이어지므로 모두 운동에너지에 해당한다. 이와 달리 묵혀둔 안전 자산이나 금융기관에 맡긴 예치금은 위치에너지에 해당한다. 따라서 투자에는 신중을 기하되 불필요한 지출은 줄이고 안전 자산과 저축을 늘이는 것이 자신의 운동에너지를 위치에너지로 전환하는 최선의 방법이다. 이를 위해서는 검소와 절약, 그리고 근면함이 요구된다. 과욕은 절대 금물이다. 모든 것은 자신의 능력 안에서 이루어져야만 한다. 담보로 돈을 빌리거나 자신이 가진 모든 자산을 털어 투자에 뛰어들 때는 지극히 신중해야 한다. 자신이 가지고 있던 위치에너지를 운동에너지로 바꾸면 속도 분포 곡선의 빠른 영역으로 이동하게 되고 충돌이 일어났을 때 자칫 잘못하면 자신이 가지고 있던 운동에너지를 잃을 확률이 커지기 때문이다.

지출을 줄이고 저축을 늘이며 투자에 신중을 기한다는 것은 운동에너지를 줄임으로써 속도가 느려진다는 것을 의미한다. 빠르고 느린 두 입자가 충돌하면 느린 입자가 빠른 입자로부터 운동에너지를 건네받을 확률이 더 높아지는 것처럼 사회적으로도 겉으로 보이는 것과는 달리 속도가 느린 사람이 실제로는 유리한 위치에 서게 된다. 흔히 정신없이 돌아가는 주변 상황에 휩쓸리다 보면 자칫 속도가 빠른 사람이 유리한 위치에 서게 될 것이라는 잘못된 선입견을 갖기 쉬운데 실제로는 그 반대인 경우가 더 많다. 검도에서도 자주 보듯 빠른 속도로 돌아다니기 보다는 마치 서 있는 듯 신중하게 기회를 기다리다가 결정적인 순간에 자신의 위치에너지를 운동에너지로 전환하

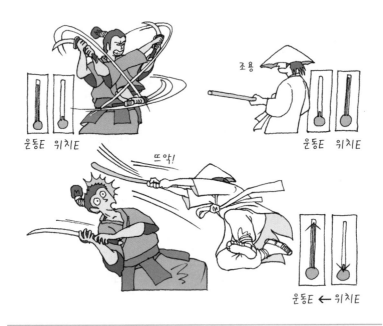

신중한 투자란 평상시에는 자신이 가진 대부분의 에너지를 위치에너지로 잠재워 두었다가 승산이 있다는 정확한 판단을 했을 때 위치에너지를 운동에너지로 전환하여 전광석화처럼 상대방을 제압하는 기술이다. 충돌 시 상대방에게서 빼앗은 운동에너지는 다시 위치에너지로 전환해 놓는 것이 현명하다. 그래야만 예기치 못한 충돌이 일어나더라도 손실을 줄이고 승률을 높인다. 결국 현명한 투자자는 평상시에는 매우 느린 속도를 유지하지만 중요한 순간에는 어느 누구보다도 빠르게 움직인다.

여 달려오는 상대를 전광석화처럼 정확하게 가격하는 것이 훨씬 승률이 높다. 즉 승리의 관건은 신중함과 정확성이다.

이러한 원리를 제대로 실천하는 개인은 평소에는 아주 적은 양의 운동에너지만을 사용하고 불필요하게 에너지를 낭비하지 않는다. 사회 구성원의 대다수가 그러한 행동 변화를 실천하게 되면 결국에는 사회 전체적으로도 소비되는 에너지양이 큰 폭으로 줄어들게 될 것이다. 그리고 이러한 사회의 온도는 매우 낮다. 따라서 맥스웰-볼츠만 곡선의 모습은 다시 원래의 좁은 모습으로 되돌아가게 되고 그와 함께 온갖 사회적 문제들도 해소되기 시작한다. 빈부 격차는 줄어들고 중산층이 두터워지며 전반적인 사회의 속도는 느려질 것이다.

그렇다고 해서 그 사회가 가지고 있는 전체 에너지의 양이 줄어든 것은 아니다. 맥스웰-볼츠만 곡선은 운동에너지의 크기만을 보여 주고 있기 때문이다. 소비되는 운동에너지가 줄었을 뿐, 엄청난 양의 위치에너지가 잠재되어 있다. 사회 구성원들이 각자 얼마나 많은 위치에너지를 쌓아두고 있느냐에 따라 그 사회가 가지고 있는 전체 에너지의 규모는 겉으로 드러나는 것과 달리 엄청난 규모가 되기도 한다. 많은 위치에너지를 밑에 깔고 조금의 운동에너지만으로 움직이는 경제 주체의 잠재력을 함부로 얕잡아 보았다가는 큰 코를 다치게 된다. 만약 필요에 의해 잠재되어 있던 위치에너지를 드러내어 모두 운동에너지로 전환하게 되면 이전에는 생각지도 못했던 엄청난 속도를 내기 때문이다. 이것은 마치 얌전하던 한 남자가 갑자기 초록빛 피부를 한 헐크로 변하는 것과 같다.

이처럼 운동에너지를 위치에너지로 바꾸어 축적해 놓거나 반대로 잠자던 위치에너지를 운동에너지로 전환하여 활용하는 것은 전적으로 각 개인의 자유의지에 달려 있다. 즉 사회의 온도전체 운동에너지가 얼마나 높은지는 구성원들의 사고방식과 문화에 의해 큰 영향을 받는다. 개인의 인식과 행동이 바뀜으로서 전체 사회의 에너지 소비량이 줄어드는 정도는 사소한 에너지 절약 캠페인으로 실현할 수 있는 것과는 비교도 안 될 정도로 크다. 그뿐만이 아니다. 적은 운동에

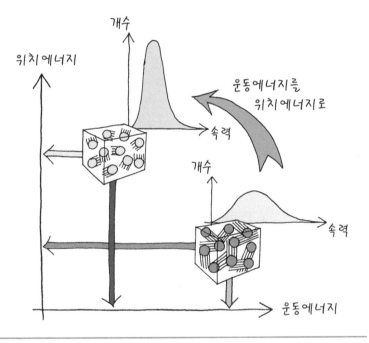

입자들이 가지고 있는 운동에너지의 일부분을 위치에너지로 변환하여 잠재워 두면 입자들의 속도는 느려지고 시스템 온도는 낮아진다. 자연계에서는 상승 기류를 타고 높은 고도로 올라가는 공기덩어리에서 그와 같은 일이 실제로 일어난다. 사회에서는 겉으로 보기에는 검소하고 절제된 생활을 하는 사람들이 실제로는 신중하고 정확한 투자를 통해 엄청난 부를 축적하는 경우가 이에 해당한다.

너지로 운영되는 사회를 실현하게 되면 똑같은 정도의 질서정연함을 실현하면서도 사회의 전반적인 속도는 오히려 느려지고 즉 온도가 낮아지고 사람들은 더 많은 정신적 여유를 갖게 된다. 이 얼마나 바람직한 방향인가!

하지만 공짜는 없다. 기본적으로 각 개인에게는 높은 수준의 자기절제가 요구된다. 바로 검소와 절약, 그리고 근면함이다. 이것은 에너지에 대한 탐욕에 빠져버린 현대인들이 오래전부터 잊고 지내온 덕목들이다. 게다가 적은 운동에너지로도 사회가 정상적으로 운영되려면 제반 사회 기능들이 매우 정교하고도 정확하게 작동해야만 한다. 이를 위해서는 서로를 신뢰할 수 있는 신용의 문화가 든든하게

열역학과 분자운동론의 관점에서 거리를 오가며 무엇인가를 성취하고 있는 수많은 인파를 바라본다. 전의에 불타는 눈을 번뜩이며 어딘가를 향해 열심히 달리고 있는 우리 자신을 향해 물어보자. 과연 생존 경쟁이 곧 속도 경쟁과 같은 개념인지를! 자원이 넘쳐나다시피 충분했던 과거에는 아마도 그랬는지도 모른다. 하지만 이제 우리에게 다가오는 미래는 분명 자원이 부족한 시대가 될 것이다. 아마도 미래의 생존 경쟁은 속도 경쟁이 아니라 효율 전쟁이 될 가능성이 훨씬 커 보인다. 과연 우리는 지금 자신이 가지고 있는 자원을 어떤 방식으로 활용하고 있는지 되돌아보아야 할 때이다.

깔려 있어야 한다. 이것은 마치 톱니바퀴들이 서로 맞물려 돌아가면서 사회적으로 요구되는 기능들을 정확하게 수행해 내는 것과 같다. 만약 톱니바퀴 대신 밋밋한 바퀴들을 맞물려 마찰력만으로 돌아가게 했다고 상상해 보라. 얼마나 많은 에너지가 낭비될 것이며 또 바퀴는 얼마나 빨리 마모되겠는가! 이와 같이 비효율적으로 돌아가는 사회는 현상을 유지하는 것만으로도 엄청난 양의 운동에너지를 소비하게 된다.

따라서 사회가 제 기능을 하면서도 에너지 소비를 큰 폭으로 줄이려면 법과 제도가 매우 정교해야 할 뿐만 아니라 사회 구성원들 사이에도 이를 존중하고 지키려는 문화가 정착되어야 한다. 그것이 바로 선진 문화이자 실질적으로 에너지 소비를 줄이는 녹색 문화의 핵심이다.

열역학과 분자운동론의
관점에서
독일을 주목하다

⑬

우리는 앞에서 화학의 열역학과 분자운동
론을 통해 에너지와 관련된 몇 가지 기본 원리를 살펴보았다. 또한
자연현상을 묘사하는 화학의 이론적 모델이 일부 사회 현상과 큰 무
리 없이 접목될 수 있다는 가능성도 제시해 보았다.

이처럼 자연과학 이론을 사회 현상과 접목할 수 있었던 근본적인
이유는 우리가 흔히 생각하는 '경제적 가치' 라는 것이 화학에서의
'에너지' 라는 개념과 일맥상통하기 때문이다. 경제에서의 화폐 및 실
물자산의 가치가 화학에서의 에너지에 해당한다는 사실을 염두에 두
고 화학 이론의 몇 가지 굵직한 원리를 제대로 터득하고 나면 경제뿐
만 아니라 우리 주변에서 일어나는 거의 모든 현상에 자연과학 이론
을 접목할 수 있다는 사실을 깨닫게 된다. 그중에서 몇 가지 실례를

조금 더 들어 보자.

화학자의 관점에서 사회 현상을 해석하다 보면 독일이라는 나라에 특히 주목하게 된다. 나는 과거 미국에서 연구 활동을 하던 시절, 중국, 필리핀, 인도, 일본, 헝가리, 영국, 독일 등 여러 나라에서 온 해외 연구자들과 함께 생활을 하며 친하게 지냈다. 당시 독일에서 온 연구자들과 상당 기간 함께 생활했는데 그들이 보여 준 검소와 절제 그리고 정확하고 철저한 자기 관리에 내심 놀랐던 기억이 있다. 심지어 자신이 맡은 과제나 아주 작고 사소한 것에 대한 집요함은 두려움마저 자아냈다. 이후 나는 개인적으로 그들의 성장 환경이 어떠했는지에 깊은 관심을 가졌다. 그들이 들려준 자신의 어린 시절, 부모와 조부모의 이야기, 학교생활 등의 이야기는 당시 나에게 엄청난 충격을 주었다. 비록 소수에 불과하지만 적어도 내가 접했던 독일인들은 검소, 절약, 근면이라는 자기 절제의 행동 특성이 둘째가라면 서러울 정도로 몸에 배어 있는 것 같았다. 그야말로 억지로 실천하는 것이 아니라 대를 이으며 전해 내려온 집안의 가풍, 그리고 모든 사람들이 동의하는 학교 교육 방식과 사회 분위기로 인해 자연스럽게 그렇게 되어 버린 것 같았다. 이들에게서 받았던 인상은 오랫동안 내 기억에 남아 있다.

얼마 전 독일 프랑크푸르트 지사에 근무하는 지인으로부터 한 통의 이메일을 받았다. 메일에는 느려터진 독일의 모습에 대한 불평이 담겨 있었다. 업무나 회의의 진행 속도는 물론이거니와 인터넷 속도, 고장 접수 및 수리 속도, 관공서의 업무 처리 속도 등 모든 면에서 사회가 얼마나 느리게 돌아가는지의 예를 일일이 나열해 놓았다. 그러면서 말미에 이렇게 적고 있었다. "여기 실업률이 현재 5%로 거의 완전고용 수준입니다. 이렇게 느려터진 나라가 어떻게 이처럼 잘사는지 도무지 이해가 되지 않습니다."

메일 내용을 보고 나도 모르게 입가에 웃음이 지어졌다. 열역학과 분자운동론의 관점에서 독일을 들여다보면 그 이유가 보이기 때문이다. 분자운동론의 관점에서 보면 독일인들은 많은 양의 위치에너지를 쌓아 놓은 채 꼭 필요한 양의 운동에너지만 경제 활동에 투자하는 것으로 판단된다. 독일은 GDP 규모가 우리보다 월등히 큰 선진국임에도 불구하고 일인당 에너지 사용량은 우리보다 적다. 구성원들이 적은 양의 운동에너지만 사용한다는 것은 곧 사회의 온도가 낮다는 것을 의미한다. 이 때문에 사회 전반적으로 모든 것의 속도가 느릴 수밖에 없다. 그럼에도 불구하고 독일의 엔트로피 상태는 그 어느 나라보다도 낮아서 지속적으로 질서정연한 상태를 유지할 뿐만 아니라 여간해서 이를 흐트러뜨리지 않는다. 이것은 마치 톱니바퀴들이 맞물려 돌아가는 복잡한 시계처럼 사회의 전반적인 움직임이 규칙적이고 정확할 때에나 가능한 일이다.

열역학 이론의 관점에서 보면 이와 같은 독일의 모습은 그저 놀랍기만 하다. 속도를 반영하는 온도 T와 무질서한 정도를 나타내는 엔트로피 변화량 ΔS이 둘 다 작은 값을 갖다 보니, 깁스에너지 변화량을 나타내는 식 $\Delta G = \Delta H - T\Delta S$에서 낭비되는 에너지의 크기를 나타내는 엔트로피 항 $T\Delta S$의 값이 아주 작다. 더구나 전반적으로 속도가 느리다 보니 비가역성으로 인해 도입되는 추가 에너지 낭비도 적을 수밖에 없다. 아예 처음부터 독일은 많은 에너지를 필요로 하지 않는 나라인 것이다.

더구나 독일인들은 밖에서 유입되는 에너지로 인해 자신의 운동에너지가 높아져 움직임이 빨라진다 싶으면 곧바로 그 여분의 운동에너지를 위치에너지로 전환해 놓는 몸에 밴 습성을 가지고 있다. 어릴 때부터 거의 주입식으로 채득한 검소와 절약의 국민성이 드러난다. 유아원에서부터 이미 저축에 대한 교육을 당연시하는 교육 정책에서도 이를 쉽게 엿볼 수 있다. 만약 독일인들을 맥스웰-볼츠만 곡선으로 표현한다면 온도가 낮고 전체 운동에너지도 작기 때문에 좌우가 눌리면서 좁아져 가운데가 위로 뾰족하게 올라간 모양의 곡선이 된다.

결과적으로 독일 사회에서는 중산층의 비중이 늘어나면서 동시에 극빈층과 부유층 사이의 빈부 격차도 줄어든다. 분자운동론의 두 가정인 자유와 평등이라는 조건이 상당히 잘 보장되어 있기 때문에 굳이 애를 쓰면서 노력하지 않아도 맥스웰-볼츠만 곡선이 보여 주듯 빈부의 문제가 사회 문제로 부각되지 않는 것이다. 국가적으로는 신중하고 정확한 투자로 인해 경제 흑자를 내기 때문에 외부에서 계속 에너지가 유입되어 전체 운동에너지가 늘어나면서 온도가 올라간다. 하지만 그렇게 늘어나는 운동에너지를 국민들이 계속 위치에너지로 돌려놓기 때문에 사회의 온도는 생각만큼 올라가지 않는다.

지난 1989년 베를린 장벽이 무너질 때만 해도 많은 경제 전문가들은 천문학적인 규모의 통일 비용으로 인해 독일 경제가 심각한 수준으로까지 나빠질 것이라고 내다보았다. 하지만 20년이 지난 지금 그 예상은 보기 좋게 빗나갔다. 현재 PIGS 포르투갈, 아일랜드, 이탈리아, 그리스, 스페인 국가들의 경제 위기로 유럽연합의 한 귀퉁이가 무너질 위기에 놓여 있는데, 이를 떠받칠 수 있는 충분한 경제적 여력 =위치에너지을 가진 나라는 유럽 전역에서 독일뿐이다. 만약 독일이 그동안 자신들이 비축해 놓았던 위치에너지를 구제기금으로=운동에너지로 내놓지 않으면 유럽연합의 경제 동맹은 사실상 해체되는 길을 걸을 수도 있다.

지난 2011년 3월 일본 후쿠시마 원전 사고를 계기로 하여 원전 반대 시위가 확산되자 독일은 놀라운 선택을 했다. 그동안 추진해 왔던 원전 건설 계획을 모두 백지화해 버린 것이다. 가까운 미래에 재생가능에너지를 주축으로 하는 새로운 에너지 공급 시스템을 구축하지 않으면 안 되는 상황으로 스스로를 밀어 넣은 것이다. 재생가능에너지의 확산을 가로막고 있는 제반 문제들을 해결하고 그 과정에서 국제 사회에서 기술적 우위를 선점하겠다는 의지와 자신감을 내비친 것으로 해석된다. 마치 제1차 세계 대전이 발발하기 이전의 독일을 보는 것 같아서 매우 흥미롭다. 당시 독일은 프리츠 하버 Fritz Haber 와 같은 화학자들이 주축이 되어 중화학공업을 육성시켰고, 이에 대한 연구 개발에 공격적인 투자를 하여 주요 핵심 기술과 다양한 신물질에 대한 원천 특허를 선점했다. 이때 구축한 주요 기간산업들이 지금까지도 독일 경제의 든든한 기반을 떠받치고 있다. 아직도 독일 GDP의 대부분이 제조업에서 나온다는 것은 실로 놀라운 일이다. 이제 에너지 산업 분야에서도 그와 같은 독일의 공격적인 투자가 다시 한 번 엄청난 결실을 맺게 될지 앞으로의 전개 상황이 매우 흥미롭다.

굳이 많은 에너지를 소비하지 않아도, 그리고 굳이 사회가 미친 듯이 빨리 돌아가지 않아도 경제가 발전하고 사람들의 삶이 윤택해질 수 있다는 것을 온도가 낮은 사회인 독일을 통해 엿볼 수 있다. 화석연료를 재생가능에너지로 대체하는 방향으로 팔을 걷고 나선 점이나 적은 에너지를 소비하면서도 질서정연한 상태를 실현한다는 점에서 이들의 미래가 앞으로 어떻게 전개될지에 주목할 필요가 있다. 현재 인류가 직면한 고갈되는 자원과 쌓이는 쓰레기 문제를 모면할 근본적인 해결 방안들이 어쩌면 이들을 통해 그 윤곽을 드러낼지도 모르기 때문이다.

북한의 닫힌계는
지속가능하지 않다

⑭

　　소비하는 전체 에너지의 양만 보면, 북한도 어느 나라 못지않게 에너지를 적게 쓰는 나라이다. 이를 상징적으로 보여 주는 사진이 바로 인공위성에서 찍은 한반도의 야경에 나타난 암흑에 휩싸인 북한의 모습이다. 이처럼 북한은 지극히 온도가 낮은 사회이다. 굳이 북한을 분자운동론으로 묘사하자면 맥스웰-볼츠만 곡선의 모습이 엎어놓은 종의 양쪽을 쥐어짜서 가운데가 뾰족하게 위로 올라간 아주 좁은 모양이 될 것이다. 빈부 격차도 적고 상위의 소수 부유층이 점유하는 비율도 적어서 어떻게 보면 평등이 실현된 것처럼 보일 수도 있다. 하지만 실제로는 너무나 에너지가 부족해서 가진 자나 없는 자를 막론하고 모든 사람들이 다 가난한 것에 불과하다. 전체적으로 속도가 워낙 느리다 보니 중산층이라도 극빈층과 크게 다를 바가 없다. 또 사회의 온도가 지극히 낮아 상위의 소수 부유층이라고 해도 나머지와 크게 다를 게 없다.

무엇보다 근본적인 문제는 북한은 운동에너지는커녕 잠재되어 있는 위치에너지마저 없다는 것이다. 이 점이 바로 북한이 독일과 근본적으로 다른 이유이다. 비록 두 나라 모두 온도가 낮은 사회이지만 독일은 겉으로 드러나지 않고 잠재되어 있는 엄청난 양의 위치에너지를 보유하고 있다. 따라서 독일의 경우 언제라도 필요하다고 판단되면 잠재워 두었던 위치에너지를 깨워 운동에너지로 전환하여 사용할 수 있다. 하지만 북한은 그렇게 할 수 있는 위치에너지를 가지고 있지 않다.

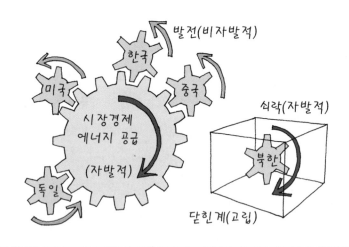

전 세계적으로 소비되는 에너지는 '시장 경제'라는 거대한 톱니바퀴를 돌리는 원동력이다. 열역학적으로 비자발적인 방향으로 돌아가면서 질서를 창출하려면 '시장 경제'라는 이 거대한 톱니바퀴에 맞물려 돌아가야만 한다. 그러나 북한과 같이 폐쇄된 닫힌계 안에 자신을 고립시킨 채 시장 경제와 유리되면 열역학 제2법칙에 따라 무질서를 향한 자발적인 방향으로 가는 것을 막을 방법이 없다.

사실 북한을 분자운동론의 관점에서 바라본다는 것 자체가 이미 근본적인 한계를 안고 있다. 분자운동론에서 전제로 하는 두 가지 중요한 가정조차도 북한의 경우에는 성립되지 않기 때문이다. 첫 번째 가정인 경제 활동에서의 개인의 자유가 전혀 보장되어 있지 않을 뿐만 아니라 두 번째 가정인 탄성 충돌을 위해 법과 제도에 의해 보장되어야 할 평등도 존재하지 않는다. 그렇다 보니 충돌빈도수 자체도 크지 않다. 쉽게 말해 경제 활동 자체가 없는 사회나 다름없다. 경제 활동에서의 자유와 평등을 이상으로 추구하는 우리들로서는 어떤 모델을 제시하더라도 북한을 이해하기 힘들다. 북한은 그야말로 모든 것이 철저하게 통제된 상태에서 자유와 평등의 개념을 상실한 독특하고 이상한 형태의 사회가 되어 스스로를 철저한 고립 상태로 몰아가고 있는 것이다.

　그런데 열역학적인 관점에서 보면 그와 같은 고립 상태는 결코 오래갈 수 없다는 사실을 깨닫게 된다. 북한이 폐쇄적 고립 상태를 고집하는 이면에는 소위 '주체' 사상이 자리 잡고 있다. 쉽게 말해 남에게 기대지 않고 스스로의 힘만으로 일어서겠다는 뜻이다. 듣기에는 그럴 듯하다. 하지만 북한의 주체 사상은 자연의 순리나 다름없는 열역학 기본 법칙에 위배된다. 그래서 현실에서는 결코 실현될 수 없는 허상이나 다름없다. 이 사상의 핵심은 자기 주변에 열역학적 경계를 설정하고 그 경계를 통해 외부와 어떤 교류도 하지 않겠다는 단호한 의지를 천명한 것이다. 톱니바퀴로 치면 그저 자기 혼자 돌아갈 테니 아무도 간섭하지 말라는 것이다.

그렇다면 과연 톱니바퀴는 어느 방향으로 돌아갈까? 당연히 '우주는 계속 무질서해진다.'라는 열역학 제2법칙에 의해 에너지를 잃어버리면서 무질서해지는 자발적인 방향으로 돌아가게 된다. 따라서 스스로를 철저하게 외부와 차단함으로써 에너지를 잃어버리는 것은 겨우겨우 막을 수 있을지 몰라도 엔트로피가 증가하면서 모든 것들이 무질서해지는 것은 결코 막을 수 없다. 모든 것들은 우주의 거대한 힘에 떠밀려 저절로 무질서를 향해 밀려가기 때문이다. 건물은 낡아 피폐해지고 모든 장비들은 녹슬어 멈추게 된다. 열역학적 경계를 통해 외부에서 에너지를 들여오고 이를 유용한 일로 변환하여 질서를 창출하는 것만이 그러한 상황에서 벗어날 수 있는 길이다.

하지만 고립된 상태에 있는 북한이 열역학적 경계의 외부로부터 얻을 수 있는 에너지는 기껏해야 땅에서 나는 작물과 광산에서 캐내는 석탄을 통해 얻는 태양에너지가 전부이다. 그 정도의 적은 에너지로는 국가 발전은커녕 현 상태를 그대로 유지하기도 버겁다. 결국 열역학 법칙에 위배되는 주체 사상을 버리지 않는다면 북한에게는 에너지 소비를 최소화하기 위해 과거의 농경사회로 되돌아가는 길만 남게 된다.

따라서 열역학적 관점에서 볼 때 북한은 생존을 위해 열역학적 경계를 통해 외부로부터 에너지를 들여올 수밖에 없다. 사실 북한은 이미 오래전부터 그렇게 해 온 것이나 다름없다. 말로만 그렇게 하지 않는다고 큰소리를 칠 뿐이다. 갖은 억지를 쓰며 우리나라를 옥박질러 무상원조를 받아냈고 미국과 일본을 포함한 서방 국가들에게서 인도적 지원을 받아냈다. 제대로 된 공산품이 없다 보니 무역을 통한 수익 창출은 생각할 수도 없다. 이제는 중국에게 머리를 조아리면서 광물자원과 토지 사용권 등 온갖 것들을 팔아넘기기에 이르렀다. 그야말로 '주체'가 허울 좋은 구호로 전락한지 이미 오래이다. 열역학과 분자운동론을 통해 얻게 되는 과학적 지혜만 조금 있었어도 그렇게까지는 되지 않았을 텐데 안타까운 마음이다.

대한민국은
온도가 높은 국가의
대표적인 예이다

⑮

십여 년 전 우리나라를 방문한 일본인 학자 두 명에게 이틀간 강원도 일대를 안내해 준 적이 있다. 이들은 강원도를 다녀온 후 서울 한복판에 위치한 호텔에 여장을 풀고 이곳저곳을 다니며 도심 구경을 했다. 서울을 떠나던 마지막 날, 이들에게 우리나라에서 가장 인상 깊었던 것이 무엇인지 물었다. 'Dynamic!' 두 사람은 이구동성으로 한국인의 역동성에 놀라움을 금할 길이 없다고 했다. 어떤 장소, 어느 거리를 가더라도 자신들을 지나치는 한국인들의 역동적이고 에너지 넘치는 모습이 너무도 인상적이었다고 했다. "일본도 그렇지 않은가?"라는 질문에 그들은 절레절레 고개를 가로저었다.

그러고 보니 설악산의 비선대를 다녀올 때 산길을 걷던 이들의 모습이 너무도 얌전하고 다소곳했던 것이 기억났다. 나는 두 팔을 휘젓고 이리저리 뒤뚱거리며 모든 움직임에서 행동 반경이 컸는데, 이들은 작은 보폭에 발을 올리는 높이도 낮고 팔을 젓는 범위도 좁은 데다가 몸을 흔들지도 않았다. 그뿐이랴. 점심식사를 위해 대포항의 횟집에서 푸짐한 생선회와 매운탕을 먹을 때도, 이들이 먹은 것은 겨우 회 몇 점과 밥과 찌개 조금뿐이었다. 나는 커다란 쌈에 생선회 두세 점을 올린 후 채 썬 파와 마늘을 얹고 그 위에 다시 쌈장을 듬뿍 발라 보자기 싸듯 꾹꾹 눌러서 한입 크게 넣어 먹었다. 그런데 이들은 젓가락으로 회를 집어 와사비를 풀은 간장에 한쪽 끝만 적셔서 다소곳이 입에 넣고 오물오물 한참을 씹는 것이었다. 특히 내가 주목했던 것은 무엇이던 한 번 입안에 넣고 나면 반드시 젓가락을 밥상에 내려 놓는다는 사실이었다. 나는 식당을 나오면서도 접시에 가득 남아 있는 생선회와 그대로나 다름없는 매운탕이 계속 눈에 밟혔다.

그동안 내가 만났던 외국인들은 한국인을 평가하는 데 있어서 반드시 한 가지 공통적인 특징을 지적했다. 그것은 바로 역동적이고 에너지가 넘친다는 것이다. 서울 도심 한복판에 서서 잠시만 주위를 살펴봐도 그러한 지적이 얼마나 적절한지 금세 알 수 있다. 대부분의 사람들이 마치 약속에 늦은 듯 인파를 헤치며 달리듯 걸어간다. 신호등이 파란불로 바뀌자마자 경주용 말이 튀어나가듯 속도를 높이는 자동차들, 급하게 버스를 오르내리는 사람들, 대화를 나누는 사람들의 빠른 말소리, 작은 휴대전화 자판 위를 날아가듯 두드리는 빠른 손가락. 잠시만 주변을 둘러보아도 모든 것들이 빠른 속도로 움직이고 있다는 사실을 깨닫게 된다. 한국인은 역동적이고 에너지가 넘친다는 외국인들의 평가는 자신들과 비교할 때 훨씬 분주하게 움직이는 우리들의 빠른 속도를 지적한 것이다.

우리나라는 온도가 매우 높은 사회의 대표적인 예이다. 분자운동론의 관점에서 보면 온도가 높다는 것은 전체 운동에너지가 커서 전반적으로 구성원들의 속도가 빠르다는 것을 의미한다. 그러한 모습이 외국인의 눈에는 역동성으로 비친 것이다. 속도가 빠르다는 것은 변화에 빨리 적응하고, 또한 빠른 변화를 주도한다는 장점이 있다. 그래서 우리나라는 아주 작은 나라임에도 불구하고 거의 대부분의 속도 경쟁에서 유독 뛰어난 성적을 기록하며 세계인들의 주목을 끌어왔다. 그 이면에는 바로 우리나라 국민의 역동성이 자리 잡고 있다.

그런데 에너지의 관점에서 보면 역동성이 갖는 단점이 눈에 들어온다. 열역학적인 관점에서 보면 온도가 높고 속도가 빠르다는 것은 곧 에너지 효율이 낮아져 낭비되는 에너지가 많아진다는 것을 의미한다. 열역학에서 유용한 일로 전환할 수 있는 이론적 최대치를 나타내는 '$\Delta G = \Delta H - T \Delta S$' 라는 식에서 온도 T가 올라가면 엔트로피 항 $T \Delta S$의 값이 커진다. 온도가 올라가면 그만큼 낭비되는 열량이 많아진다는 뜻이다. 또한 온도가 올라가면 자연스럽게 모든 것들의 속도가 빨라지게 되고, 그 결과 변화에 개입되는 비가역성도 덩달아 커지게 된다. 비가역성이 커진다는 것은 유용한 일로 변환되지 못한 채 버려지는 열량이 많아진다는 것을 의미한다.

결국 온도가 올라가고 동시에 속도가 빨라지면 에너지 효율이 뚝 떨어지게 된다. 같은 거리를 가더라도 훨씬 많은 연료를 태우게 되는 것이다. 따라서 온도가 높고 속도가 빠른 사회는 누가 빨리 목적지에 도달하느냐는 속도 경쟁에서는 이길지 몰라도 누가 더 적은 에너지로 목적지에 도달하느냐는 에너지 효율 경쟁에서는 그야말로 낙제점을 받게 된다.

온도가 높고 속도가 빠른 역동적인 사회는 부의 편중 현상과 극심한 빈부 격차 등의 새로운 사회 문제도 떠안게 된다. 온도가 높아지면 분자운동론에서의 맥스웰-볼츠만 곡선의 모양이 위에서 짓눌려 옆으로 펑퍼짐하게 벌어진 모습으로 변하기 때문이다. 지금 우리 사회는 바로 그러한 역동적인 사회에서 일어날 수 있는 전형적인 현상들을 그대로 경험하고 있다. 여기에 경제 활동에 있어서의 개인의 평등마저 제대로 보장되지 않게 되면 최악의 경우 사회 양극화로 치달으면서 스스로 무너지는 길로 들어설 위험도 안게 된다.

보다 근원적인 문제는 과연 그 역동성을 가능하게 하는 우리나라 국민들의 운동에너지가 어디에서 왔느냐 하는 점이다. 우리나라 국민들은 선진국과의 경쟁에서 이기기 위해 자신이 가진 거의 모든 위치에너지를 운동에너지로 전환하여 사용하고 있다고 해도 과언이 아니다. 그것도 부족해 다른 곳에서 빌려온 에너지까지 모두 운동에너지로 쏟아 붓고 있다. 우리나라의 가계 빚이 1,000조 원이라는 가히 천문학적인 규모에 도달했다는 통계와 정부의 공공부채마저 이에 버금간다는 발표가 이를 여실히 보여 준다.

하지만 이처럼 많은 운동에너지를 쏟아 부은 것에 비하면 실제로 이룬 것은 기대에 훨씬 못 미칠 수밖에 없다. 높은 온도와 빠른 속도로 인해 에너지의 상당 부분이 질서를 창출하는 데 쓰이지 못하고 낭비되었기 때문이다. 속도를 추구하는 과정에서 에너지 효율을 깎아먹은 것이다. 온도가 낮은 사회인 독일과는 매우 대조적인 상황이다. 국가 GDP 규모에서는 독일이 우리나라를 월등히 앞서지만 일인당 에너지 사용량은 독일이 우리나라보다 훨씬 적은데, 이것은 우리 국민들의 에너지 효율이 높지 않다는 것을 반증한다. 왜 '역동성'이라는 평가가 마음 한구석에 불안감을 드리우는지 그 이유가 바로 여기에 있다.

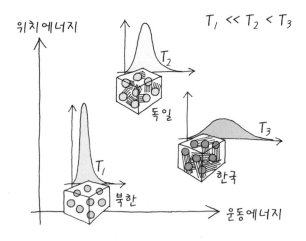

분자운동론은 운동에너지만 다루기 때문에 위치에너지에 관련된 정보는 누락된다. 따라서 두 개 이상의 서로 다른 시스템을 제대로 비교하려면 각 시스템의 속도 분포 곡선뿐만 아니라 서로 간의 상대적인 위치에너지 차이도 함께 고려해야 한다. 위 도표는 위치에너지와 운동에너지 모두를 고려하여 독일, 북한, 한국의 상대적인 차이를 분자운동론의 관점에서 상호 비교한 예이다. 세 국가 모두에서 분자운동론의 전제 조건인 자유와 평등이 보장되어 있다고 가정했다. 물론 북한의 경우 실제로는 이 두 조건이 전혀 만족되지 않는다.

독일인들은 기본적으로 자신의 활동에 투자하는 운동에너지를 최소로 줄이고, 그 대신 밑에 깔고 있는 위치에너지를 계속 늘여가는 사고방식을 가지고 있다. 이와는 대조적으로 우리나라 국민들은 자신의 속도를 유지하기 위해 위치에너지를 운동에너지로 계속 전환하여 사용하고 있다. 이처럼 '역동성'이라는 가치에만 얽매여 이대로 가다가는 잠재워 놓았던 위치에너지를 모두 소진하게 된다. 그렇게 되면 결국에는 역동성을 가능하게 했던 운동에너지마저 깎아 먹게 될 것이다. 개인과 공공의 부채 규모를 보면 이미 위험 단계에 진입한 것은 아닌지 걱정이 된다. 과연 우리가 언제까지 그러한 '역동성'을 유지할 수 있을지 정말 아슬아슬한 곡예를 보는 것만 같다.

앞으로 다가올 미래는 자원이 부족해지는 시대이다. 이러한 새로운 시대가 오면 에너지 효율이 낮다는 것은 큰 부담이 될 수밖에 없다. 따라서 온도가 높고 속도가 빠르다고 해서 무조건 좋아할 수만은 없다. 더구나 에너지 순이익을 추구하는 경제 활동 측면에서는 반드시 속도 경쟁에서 이기는 것만이 상책이 아니다. 두 개의 당구공이 충돌할 때 누가 에너지를 잃고 누가 에너지를 가져가느냐가 속도보다는 각도에 의해 결정되듯이 경제 활동에서도 승자에게 우선적으로 필요한 것은 신중함과 정확성이다.

더구나 우리가 가는 여정에 종착점은 없다. 오늘 어느 기착지에 먼저 도착하여 승리의 만세삼창을 불렀지만 당장 다음 기착지를 향해 달려가지 않으면 안 되는 것이 바로 우리들이 당면하고 있는 시지포스의 운명이다. 첫 번째 역에 남보다 먼저 도착하기 위해 자신이 가진 모든 에너지를 소진해 버린다면 그 구간에서의 승리는 아무짝에도 쓸모없는 것이 되고 만다. 우리는 지금 결승점이 없는 이어달리기를 하고 있다. 우리가 뛰고 있는 경기는 다른 육상 스포츠와는 사뭇 달라서, 승리의 관건이 누가 빨리 결승점에 도착하느냐에 있는 것이 아니라 누가 계속 꿋꿋이 살아남느냐에 있다. 그저 빠른 속도로 앞만 보고 달리는 데 급급하고 있는 우리 국민들은 '지속가능성'이 진정 무엇을 뜻하는지 곰곰이 생각해 볼 필요가 있다.

인류의 '지속가능성'을 향한 경주에서 승자가 되려면 속도 경쟁보다는 효율 경쟁을 추구해야 한다. 우리는 지금 결승점이 존재하지 않는 이어달리기를 하고 있는 것이나 다름없기 때문이다. 자연자원, 특히 에너지 자원이 부족해지기 시작하는 미래에는 효율 경쟁의 중요성이 더욱 부각될 것이다.

에너지 효율을 높이려면
다양성을 적극적으로
수용하라

16

　　우리나라는 1970~80년대에 걸쳐 매년 평균 10%에 가까운 놀라운 GDP 성장률을 보이면서 소위 '한강의 기적'을 이루어냈다. 이와 같은 전형적인 기하급수적 성장 결과, 우리 사회의 온도는 큰 폭으로 올라갔고 거의 모든 영역에서 모든 것의 속도가 빨라지는 놀라운 경험을 했다. 그 과정에서 에너지 수요는 기하급수적 성장 곡선의 가파른 상승세를 타고 무서운 기세로 폭증했다.

　　그렇다면 우리들은 그 많은 에너지를 주로 어디에 사용하고 있는 것일까? 놀랍게도 사회의 온도가 올라감에 따라 각 개인은 자신의 빨라진 속도를 유지하는 것만으로도 엄청난 에너지를 소비하게 된다. 더구나 전반적인 사회의 온도가 높고 구성원들의 속도가 빠르기 때문에 '유용한 일'로 사용되지 못한 채 낭비되는 에너지가 많아지면서 에너지 수요는 더욱 가파른 기세로 증가하게 된다.

그런데 놀라운 것은 우리들 대부분이 자신의 속도가 과거에 비해 얼마나 빨라져 있는지에 대해 대체로 무감각하다는 사실이다. 심지어 대부분의 사람들은 자신이 빠르게 달리고 있다는 사실 자체를 잊어버린 채 그 자리에 그대로 정지해 있다고 착각하거나 오히려 뒷걸음질을 치며 퇴보하고 있다고 생각하며 불안해 한다. 도대체 왜 우리들은 자신의 속도에 무감각해진 것일까?

먼저 그 이유는 우리 사회의 획일적인 모습에서 찾을 수 있다. 사람들이 모두 비슷한 목표를 추구하며 같은 방향을 향해 달리다 보면 자신도 모르는 사이에 극심한 속도 경쟁에 빠져들게 된다. 그렇게 되면 계속 속도를 높이는데도 불구하고 정작 자기 자신에 대한 속도감을 상실하는 이상한 일이 벌어진다. 이것은 마치 넓은 고속도로에서 한 무리의 차들이 모두 한 방향을 향해 달리는 상황과 유사하다. 모두가 같은 방향으로 달리다 보니 옆에 있는 차들을 보면 마치 자신이 제자리에 서 있는 것과 같은 착시 현상에 빠지게 된다. 심지어 옆 차가 속도를 내며 앞으로 치고 나가면 자신의 차는 뒷걸음질을 치는 것처럼 느껴진다. 앞을 향해 계속 빠른 속도로 달리고 있는데도 말이다.

뒤로 쳐진다는 착각은 경쟁심에 불을 댕기고 결국 모든 차들이 앞서거니 뒤서거니 하면서 자신도 모르는 사이에 점점 속도를 높이게 된다. 그런데도 여전히 자신들은 제자리에 멈추어 서 있는 것 같다고 생각한다. 멀찌감치 서서 이들을 바라보는 다른 사람들의 외국인들의 눈에는 한 무리의 차들이 같은 방향으로 미친 듯이 가속도 운동을 하

는 살벌한 광경으로 비쳐지고 있음에도 말이다. 이때 이들이 태워 없
애는 연료의 양은 상상을 초월한다. 더구나 이런 모습의 사회에서 빚
어지는 속도감의 상실과 극한의 경쟁 양상은 사람들의 정신마저 극
도로 피폐하게 만든다. 같은 방향을 바라보면서도 사람들 간에 서로
마주치는 교차점은 없다. 옆 차와 서로 인사를 나눌 여유도 없다. 그

고속도로 주행
(획일성 사회)

획일성 사회를 사는 사람들은 마치 고속도로를 달리는 운전자들처럼 하루를 산다. 모두 같은 목표를
마음에 품고 비슷한 삶을 살지만 서로 마주칠 일은 없이 그저 앞만 보고 열심히 달린다. 그럼에도 불
구하고 항상 제자리에 서 있는 것 같고 때론 자신만 뒷걸음질을 치는 것처럼 여겨질 때도 많다. 목표
지점에 먼저 도달하기 위한 속도 경쟁에서 속도 제한을 지키다가는 바보 취급을 받기 일쑤고 갈수록
속도를 높이는 과정에서 엄청난 에너지를 소비하게 된다.

저 앞만 보고 열심히 달릴 뿐이다. 주변의 모든 차들은 그저 경쟁자에 불과하다. 조금만 이상이 생겨도 앞으로 휑하니 달려 나가는 무리에서 낙오되어 외톨이가 될 것 같다. 아무도 뒤돌아보지 않는다. 뒤돌아보거나 손을 내미는 순간 자신도 낙오되기 때문이다.

이러한 모습의 사회를 '획일성 사회'라고 하자. 획일성 사회는 무한경쟁에 내몰린 사람들로 하여금 엄청나게 많은 에너지를 소비할 수밖에 없게 만드는 구조적인 문제점을 안고 있다. 갈수록 경제 규모는 팽창하고 개인의 봉급도 오르지만, 정작 남는 돈은 늘어나지 않는다. 주어진 에너지를 자신의 빠른 속도를 유지하느라 모두 운동에너지의 형태로 쏟아 붓고 있기 때문이다. 더구나 속도가 빨라지면 낭비되는 에너지가 급속도로 증가하기 때문에 갈수록 더 많은 운동에너지를 투자해야 하는 악순환의 늪에 빠지게 된다. 그 과정에서 위치에너지를 거의 남겨 두지 않아 바닥을 드러낸 위험한 상태로 달리는 경우가 대부분이다. 심지어 그것도 부족해 남의 위치에너지까지 끌어와 빚더미 위에 앉기 일쑤이다.

이러한 획일성 사회에서는 법과 제도가 매우 단순할 뿐만 아니라 그것마저도 그다지 존중받지 못한다. 마치 고속도로에서 속도 제한과 차선 준수라는 한두 가지 법만 있고 그나마 이것조차도 대부분이 지켜지지 않는 것과 같다. 법을 지키다가는 목적지에 늦게 도달하고 속도 경쟁에서 뒤처질 것이다. 따라서 그저 자신이 가진 모든 에너지를 운동에너지에 쏟아 부어 속도를 높이는 것만이 경쟁에서 앞서는 최선의 방법이다. 그래서 경제 규모가 커졌음에도 불구하고 획일적인 모습을 그대로 유지하고 있는 사회는 에너지 효율에서 최하위 등급을 받을 수밖에 없다.

경제 규모가 커지면 사회는 다양성의 측면을 보다 더 넓혀갈 필요가 있다. 그것이 자연의 순리에도 더 부합된다. 팽창하는 우주도 모든 가능한 방향으로 나아가지 않는가? 사회에 다양성이 확대되면 각 개인은 획일성 사회에서 상실했던 자신의 속도감을 되찾기 시작한다. 다른 방향으로 달리는 상대방을 보면서 자기 자신이 얼마나 빨리 달리고 있었는지를 새삼 깨닫게 되는 것이다. 자칫하다가는 내게 달려오는 상대방과 충돌하겠구나 하는 위험마저 느끼면서 자기도 모르게 액셀러레이터에서 발을 뗄 수밖에 없다. 이와 같이 사람들이 제각기 다른 방향을 향해 달리게 되면 각 개인의 속도는 느려지고 전체에너지 수요도 덩달아 줄어들게 된다. 무엇보다도 속도가 느려지면개입되는 비가역성이 줄어들면서 낭비되는 에너지가 큰 폭으로 줄어들게 된다.

사회에 다양성이 도입되면 에너지뿐만 아니라 정신적인 측면에서도 많은 장점이 따라온다. 마치 고속도로를 정신없이 달리다가 도심의 거리로 들어선 상황을 떠올리면 된다. 사람들은 이곳저곳에서 서로 마주치는 교차점을 만나게 된다. 자신과는 다른 목적지를 향하는 사람들이지만 이곳에서의 의사소통은 피할 수 없다. 남의 의도를 무시한 채 제멋대로 달리다가는 상대방과의 충돌로 모든 것이 수포로 돌아가기 때문이다. 나만 빨리 가겠다는 생각은 결국 사고로 이어져 자신뿐만 아니라 남까지 망가뜨리게 된다. '나만 빨리'라는 조급함에서 벗어나 '윈-윈'을 생각해야 한다. 그러한 사회에서는 매우 정교하고 복잡한 법과 제도가 필요해지고 사회 구성원들은 그것들을 존중하게 된다. 그렇게 하는 것이 자신들에게 이익이기 때문이다. 마치 복잡한 차선 체계와 횡단보도, 각종 표지판들과 신호등이 널려 있는 도심에서 이를 존중하지 않았을 때 사고로 이어져 스스로 손해를 보게 되는 것과 같은 이치이다.

다양성이 도입된 사회에서는 경쟁의 개념도 달라진다. 무조건 목적지에 빨리 도착하는 것만이 가장 좋은 대책은 아니며, 얼마나 잘 달려왔느냐가 중요해진다. 법을 어기며 교차로마다 좌충우돌 난장판을 만들어 놓고 만신창이가 되어 일등을 한들 이를 잘했다고 박수 쳐 줄 사람은 아무도 없다. 그곳까지 오는 과정에서 수많은 다른 차들을 망쳐놓았기 때문에 오히려 반사회적이라고 지탄받게 될 것이다. 법을 어기더라도 주행 시간을 줄이면 잘했다고 칭찬받던 고속도로와는 딴판이다. 다양성 사회에서는 다른 이들을 존중하는 것이 자신에게도 이익이기 때문에 너도 잘되고 나도 잘되자는 '윈-윈'과 서로 다른 능력들이 합쳐져 더 큰 성과를 내는 '시너지synergy'의 정신을 중요하게 생각한다.

더구나 모두들 추구하는 목적지도 다르고 그곳에 도달하는 길도 제각각이다 보니 누구든지 자신의 처지에 맞는 목표를 설정할 수 있다. 설사 도중에 차에 이상이 생겨 무리에서 낙오되더라도 크게 염려할 필요는 없다. 자신의 능력에 맞게 다른 길로 돌아가거나 목적지를 바꾸면 거기에는 또 다른 무리가 있기 때문이다.

그런데 획일성의 장점에 익숙해진 사람들의 눈에는 이처럼 사회에 다양성이 도입되는 것이 못마땅할 수밖에 없다. 어느 한 방향만 놓고 보았을 때 그 쪽에 투자되는 에너지가 줄어들면서 갑자기 속도가 느려지기 때문이다. 그 방향으로 나아가는 것이 옳다고 생각하는 사람들은 이러한 현상을 퇴보로 인식하고 경쟁에서 뒤처지는 요인으로 받아들이게 된다.

그러나 그러한 인식은 너무 가까이에서 어느 한 분야만을 따로 떼

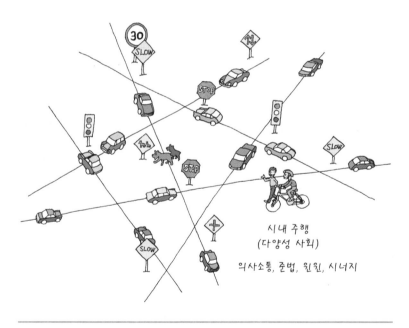

시내 주행
(다양성 사회)
의사소통, 준법, 윈윈, 시너지

다양성 사회를 산다는 것은 마치 복잡한 시내를 누비며 자동차를 운전하는 것과 같다. 제멋대로 속도를 높이다가는 큰 사고가 날 수 있다. 수시로 마주치는 교차로에서의 충돌을 피하려면 다른 운전자들과의 의사소통이 불가피하다. 다양성 사회가 되면 의사소통 기술, 준법정신, '윈-윈'의 남을 배려하는 자세, 그리고 서로 다른 사람들의 다양한 능력들이 손을 맞잡고 새로운 것을 창출해 내는 '시너지'의 정신이 더욱 중요해진다.

어놓고 보기 때문에 생기는 근시안적인 착시 현상이다. 멀찌감치 떨어져 두 사회를 보면 과연 사회 전체의 에너지가 어디에 어떻게 사용되고 있는지 한눈에 들어온다. 획일성 사회에서는 한 무리의 사람들이 한 방향으로만 가속도를 높이는 데 모든 에너지를 사용하고 있다. 그 방향만을 보면 발전의 속도가 가장 빠르다. 하지만 조금만 방향을 틀어 버리면 그곳에는 아무것도 없다. 이와는 대조적으로 다양성 사회에서는 여러 무리의 사람들이 사방팔방으로 퍼져 나가면서 자신들의 영역을 바깥으로 팽창시키는 데 모든 에너지가 사용된다. 마치 팽창하는 우주를 닮아 있다. 즉 어떤 특정한 하나의 방향만을 따로 떼어 놓고 보면 발전 속도가 느리게 여겨질지 모르지만 어느 방향을 보나 모든 곳에서 발전이 실현되고 있다는 점에 주목해야 한다.

다양성 사회의 진정한 힘은 바로 여기에서 나온다. 급속하게 변화하는 외부 환경에 대한 적응력은 사회가 얼마나 다양한 영역에서 충격을 흡수하고 제자리로 돌아올 수 있느냐를 좌우하는 탄력성 resilience에서 나온다. 그리고 이 탄력성의 근간은 바로 다양성에서 비롯된다. 자연 생태계의 건강이 생물다양성에서 비롯되는 것과 같은 이치이다. 특히 예상하지 못한, 또는 예상했지만 미처 준비하지 못한 위기 상황이 갑자기 닥치게 되면 사회가 탄력성을 가지고 있지 못했을 경우 그 구성원들의 운명은 자칫 비참해지기 쉽다.

지금 우리 인류는 과거에는 전혀 경험해 보지 못한 새로운 변화를 향해 걸어가고 있다. 고갈되는 자원과 잔뜩 쌓인 폐기물의 문제는 앞으로의 날들이 어떠할지를 짐작하게 해 주는 전주곡에 불과하다. 낮이 지나면 밤이 오듯이 우리가 나아가고 있는 앞길은 그저 아무것도 보이지 않는 암흑에 싸여 있다고 해도 과언이 아니다. 그 어떤 현자도 "바로 이 방향이 옳다."라고 감히 말할 수 없는 그야말로 불확실성의 세계가 우리를 기다리고 있다. 우리의 낙관하는 뇌는 모든 것이 괜찮을 것이라고 되뇌지만 어둠에 쌓여 있는 그곳에는 여기저기 가시덤불과 깊은 웅덩이들이 우리를 기다리고 있다. 우리에게 되돌아갈 곳은 없다. 그저 앞으로 나아가야 할 뿐이다. 지금 우리에게 필요한 것은 바로 탄력성이다.

지금은 낙관하는 뇌의 미혹하는 속삭임을 뿌리치고 우리 앞에 갑자기 그 모습을 드러낼지도 모르는 비관적인 상황들을 적극적으로 예측하고 가정해 볼 필요가 절실한 시점이다. 지금 우리에게 가장 절실하게 요구되고 있는 것이 무엇인지를 현명하게 판단해야만 한다.

무엇보다 과학기술의 발달이 모든 문제를 해결해 줄 것이라는 근거 없는 낙관주의를 버려야 한다. 정작 우리에게 필요한 것은 바로 우리 자신의 사고방식의 수정과 이를 통해 나타나는 행동 양식의 진정한 변화이다. 그런데 지금의 처한 상황과 앞으로의 미래를 지극히 낙관적으로 보는 사람의 마음속에 그런 변화가 절실하다고 여겨질 이유는 전혀 없다. 따라서 우리의 지속가능성을 실현하는 데 있어서 가장 큰 걸림돌은 바로 우리 자신의 낙관하는 뇌라고 할 수 있다.

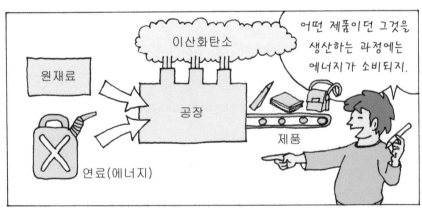

게다가 그렇게 생산된 제품들은 결국 쓸모없는 폐기물로 버려져 각종 환경 문제를 야기하지. 함부로 버리는 행위가 자원과 폐기물의 문제를 악화시키는 데 일조를 한 셈이지.

쓰레기 하치장

만원 FULL

난방 OFF   전등 OFF

그래서

당장 눈에 보이는 에너지를 아끼는 것도 중요하지만

무슨 물건이던 최대한 아껴 쓰는 것도 엄청난 에너지 절약이야.

물려 받고 고쳐 쓰며 절약하는 검소한 생활 자체가 사실상의 가장 큰 에너지 절약이지.

총각 때 쓰던 것들

아버지께서 입던 옷

물려 받은 전자제품

어머니께서 쓰던 가구

그래 가지고 어떻게 경제가 돌아가?

바꾸고 싶은 것들

출산 문제도 마찬가지지.

사람이 하던 일을 기계가

대신하면서 일인당 노동생산성은 크게 증가했지만 그것은 다 그만큼 많은 연료를 태운 대가일 뿐이야.

그 대신 인구 한 명이 평생 동안 소비하는 에너지의 양이 큰 폭으로 늘어나 버렸지.

결국 한 사람이 소비하는 에너지의 양이 크게 증가했을 뿐만 아니라 인구도 급격히 늘어나면서

전 세계 인류의 에너지 수요가 폭증하게 되었어.

인류 에너지 수요

무심코 한 행동들이 모여 자원의 고갈과 환경의 파괴를 야기하게 된거야.

내 가방은 어쩔건데?

아. 그리고
더 큰 문제는 말이야.

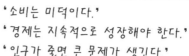

'소비는 미덕이다.'
'경제는 지속적으로 성장해야 한다.'
'인구가 줄면 큰 문제가 생긴다.'

우리가 당연한 것으로 여겨온 이런
경제 논리들이 ... 실제로는

자원 고갈과 환경 파괴를
오히려 부추겨 왔다는 사실.

그래서 많은 사람들, 특히
정치인들이 때로는 한 입으로
정반대의 말을 하기도 하지.

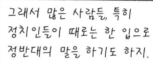

소비
인구
....
늘여야

에너지
수요
....
줄여야

그래서 나도
NO   YES

무슨 대답을 그렇게 복잡하게 해.
자기가
정치인이야?

그렇다면 이렇게
나한테 한 대 맞는 것도
그리 나쁜 것 만은 아니겠네?

제대로만 얻어 맞으면
내 에너지를 빼앗아
가는 거잖아.

우이..
씨...

히죽

그렇다.

정확한 각도와 방향으로

잘만 부딪히면

남의 운동에너지를
내가 가져다 쓸 수 있게 된다.

만약
탄성 충돌의 조건이
만족된다면

신중하고 정확한 플레이어는
결국 자신의 에너지를 높이는 것이 된다.

나는 아직도 1990년대 후반에 국내 유명 구두 업체에서 구입한 가죽 신발 한 컬레를 가지고 있다. 당시에도 그다지 비싸지 않은 그저 평범한 제품이었다. 지금도 가까운 곳에 산책을 갈 때면 즐겨 신는데 십수 년이 지났는데도 아무 탈 없이 튼튼하다. 조금 헐었지만 박음질한 품이 꼼꼼하고 튼튼한데다 생고무로 된 밑창은 닳지도 않았을뿐더러 미끄러지지도 않는다. 발뒤꿈치 쪽이 헐어서 벗겨지기 시작하는 것을 보면 아마도 몇 년 내에 가죽 자체가 구멍이 나서 못 신게 되겠지만, 지금도 이처럼 튼튼한 신발은 찾아보기 어렵다.

요즘 나오는 신발은 겉으로는 번지르르하고 그럴 듯하지만 한두 해 신으면 닳고 뜯어지고 벌어지기 일쑤이다. 얼마 전 TV 프로그램에서 오래가는 가죽신을 만들던 장인들 대부분이 그 실력의 진가를 인정받지 못한 채 기업에서 퇴출당했다고 하는 것을 보았다. 심지어 생계 유지가 힘들어 가짜 명품 가방을 만들다가 철창신세를 지기도 한단다. 튼튼하고 실속 있게 만든 것이 이들에게는 화근이었던 것이다. 한 번 구입해 간 고객이 몇 년이 지나도 새 신발을 구입하지 않으니 회사로서는 손해가 났던 모양이다.

옷도 마찬가지이다. 최근에는 소위 패스트패션 fast fashion이라고 하여 신상품 회전률을 높여 이윤을 극대화하는 방식이 제조업 트렌드로 자리 잡고 있다고 한다. 사람들로 하여금 어떻게 하면 선뜻 옷을 사서 입게 하고 그런 후에는 곧 싫증을 느껴 금세 버리고 다시 사서 입게 하느냐가 패션의 기본 방향이라는 것이다. 그러다 보니 최대한 싼 재료로 눈을 확 끄는 디자인을 실현하되 내구성을 높이는 데 드는 비용은 줄이고 적당한 시간이 지나면 늘어지고 뜯어져 바꾸지 않으면 안 되게끔 제품을 만든다고 한다. 지난 10여 년에 걸쳐 패스트패션을 채택한 기업의 이윤이 슬로패션 slow fashion에 머문 업체에 비해 평균 10배 정도 늘어났다고 하니 기업 정책을 바꾸지 않으면 당장 망하는 것은 불을 보듯 뻔하다.

그런데 최근 이러한 기업 트렌드로 인해 사람들이 내다 버리는 폐기물의 양이 전 세계적으로 크게 늘어나고 있다고 한다. 미국 통계를 보면, 지난 2000년에 950만 톤이던 섬유폐기물이 2010년에 1,300만 톤으로 증가했다. 이러한 추세는 신발이나 옷뿐만 아니라 우리 생활에 필요한 거의 모든 제품에 적용되고 있다고 해도 과언이 아니다.

디자인 요소를 중시하는 대신 내구성을 낮추다 보니 요즘 구입하는 제품 중에 그렇게 튼튼한 것은 찾아보기 힘들다. 더구나 제품 회전률이 빠르다 보니 보증 기간이 지나면 고장이 나도 고쳐 쓰기가 쉽지 많다. 오히려 오래전부터 버리지 않고 가지고 있던 튼튼한 것들이 더 오래가는 경우도 많다.

우리 집에는 부모님께 받은 아주 오래된 선풍기가 하나 있는데, 창립기념으로 판매했던 제품으로 년도를 역추산해 보니 1984년에 생산된 것이다. 100볼트에 맞도록 만들어져 있어 중간에 변압기를 연결해서 사용하고 있는데 아직도 여름이면 이 녀석 만한 효자가 없다. 최근 이 회사에서 생산한 제품 몇 개를 더 구입해서 썼는데 그중 2개가 벌써 목 부분이 부러졌다. 그럭저럭 철사로 얼기설기 묶어서 쓰고는 있지만 부러진 부분을 들여다보면 어이가 없다. 플라스틱으로 만든 주요 부품이 마치 몇 년 쓰면 반드시 부러지도록 디자인한 것 같아 보이기 때문이다. 애프터서비스를 받기 위해 찾아간 센터에는 고장 난 선풍기들이 잔뜩 쌓여 있었다. 알고 보니 애프터서비스를 위해 와 있는 선풍기들이 아니고 고장 나서 버린 것들을 아마도 고물상을 통해 모아들인 것이었다. 버려진 선풍기에서 쓸 만한 부품을 뽑아서 고장 난 선풍기를 고쳐 주는 방식이었다. 이것은 그만큼 선풍기를 고쳐 쓰는 사람보다 버리는 사람이 많다는 반증이다.

몇 해 전에 어느 보일러 업체 전문가에게 지금은 도산으로 없어진 업체가 생산한 보일러를 고치려면 어떻게 해야 하는지 물어보았던 적이 있다. "당연히 보일러를 새것으로 교체하셔야죠. 댁 같은 분이 그런 오래된 보일러마저 고쳐 쓰면 우리나라 경제 다 망하죠." 나를 책망하듯 훈계조로 말하던 그의 얼굴에는 자신이 애국자라는 자긍심마저 묻어났다. 부속 하나만 갈면 되는데 보일러 전체를 새것으로 갈라니, 그리고 그것이 국가 발전에 기여하는 일이라니! 나는 할 말을 잃고 그저 헛웃음을 지었다.

주변에서 이와 같은 소비 행태가 당연한 것으로 받아들여지고 있는 것을 보면 우리 사회는 지금 불완전한 경제 패러다임 속에 완전히 침잠해 있다는 것을 알 수 있다. 나는 이 불완전한 경제 패러다임을 '금전 패러다임' 이라고 이름 붙였다. 모든 것의 가치를 오로지 눈앞에 보이는 금전적 이익으로만 판단하기 때문이다.

예를 들어 구입한 지 오래된 전자제품 하나가 고장 났다고 하자. 애프터서비스를 받으려고 하니 부품을 구하기 힘든 구 모델이어서 10만 원의 수리비가 든다고 한다. 고장 난 그대로 중고 시장에 팔면 그래도 10만 원은 받을 수 있다고 한다. 그런데 20만 원이면 웬만한 신제품을 살 수 있다. 구 모델을 고쳐서 쓰던지 아니면 고장 난 제품을 팔고 신제품을 사던지 자기 돈 10만 원이 들어가는 것은 매 한가지이다. 아마도 이 경우, 대부분의 사람들은 중고품으로 팔아서 생긴 돈 10만 원에 수리비로 준비했던 돈 10만 원을 합쳐서 신제품을 구입하는 것이 당연히 합리적이고 현명한 판단이라고 생각할 것이다. 심지어 조금 비용이 더 드는 한이 있더라도 신제품을 구입하는 게 맞다고 여길지도 모른다.

그러나 이 사안을 약간 다른 각도에서 보면 그와 같은 결정으로 인해 제품 하나를 만드는 데 들어간 만큼의 자원이 더 소비되고 버린 제품 하나만큼의 폐기물이 더 쌓인다는 사실이 눈에 들어온다. 먼 훗날 누군가에 의해 아주 소중하게 쓰일 수 있었던 자원이 사라지고 나중에 누군가는 반드시 처리해야만 하는 폐기물을 남기게 되는 것이다. 지금 당장 내 주머니에서 나가는 돈은 비슷하지만 미래의 가치를 당겨쓰고 그 대신 골칫거리를 만들어 뒤에 남겨 놓은 셈이다. 따라서 제품이 아직도 그럭저럭 쓸 만하다면 새것을 쓰고 싶은 나의 욕심은 접어두고 10만 원을 주고 고쳐 쓰는 것이 후대의 사람들을 위해 훨씬 득이 되는 행동이다. 심지어 수리비가 더 들어가는 한이 있더라도 고쳐 쓰는 것이 바람직하다. 자원과 폐기물을 고려하는 이와 같은 새로운 관점을 나는 '물질 패러다임'이라고 이름 붙였다. 이처럼 금전적 이익을 떠나 물질이라는 관점에서 바라보면 금전 패러다임에 입각한 판단이 결코 합리적이지도 현명하지도 않다는 사실을 깨닫게 된다.

금전 패러다임은 현재 가치를 따지고 물질 패러다임은 미래 가치를 따지는 관점이다. 따라서 지속가능성을 담보하려면 이 두 가지의 서로 다른 패러다임이 손에 손을 맞잡고 계속 바통을 뒤로 넘겨주며 함께 가야 한다. 그러나 세상에 공짜는 없다. 이 둘이 함께 가려면 지금 현재를 살고 있는 우리에게 반드시 그 대가가 요구된다. '검소, 절약, 근면'의 자기 절제가 바로 그것이다. 한 마디로 자신의 마음속 탐욕을 다스리는 자기희생의 과제가 주어진다. 그리고 그것이 바로 다음 세대에게, 또 그 다음 세대에게 계속 전해져야만 하는 바통이다.

그런데 지금 우리 손에는 그 바통이 쥐어져 있지 않다. 아버지 세대가 전쟁과 노동의 고통을 이겨내며 우리에게 전해 준 바통을 어디에 던져 버렸는지. 검소와 절약은커녕 현대 기술문명이 안겨준 온갖 쾌락과 편안함에 흠뻑 취해 세상을 온통 금전 패러다임으로 도배한 채 먼 미래의 것들을 닥치는 대로 끌어다 쓰기에 급급하다. 그것도 부족해 자기 자신의 금전 패러다임마저 배신하며 입에 올리기도 두려운 엄청난 액수의 금전적 부채까지 후세에 떠넘기게 될 판이다.

도대체 어디에서부터 잘못된 것인지 알 수 없다. 또 그것이 우리나라만의 문제인지 아니면 전 인류의 문제인지도 분명하지 않다. 하지만 물질 패러다임을 깡그리 무시해버린 지금의 불완전한 경제 패러다임이 결코 지속가능하지 않다는 것은 분명하다. 왜냐하면 지금 인류는 지금까지 한 번도 경험해 보지 못한 새로운 시대로 접어들고 있기 때문이다.

마야인은 맞물려 돌아가는 몇 개의 순환 주기들이 겹쳐져 다시 더 긴 주기를 생성하는 독특한 방식의 달력을 사용했다고 한다. 지금도 과테말라의 고산 지대에 사는 원주민들은 동일한 달력을 그대로 사용하고 있다. 그런데 이 달력의 모든 주기가 2012년을 마지막으로 끝이 나 있어, 이를 두고 사람들은 마야인이 지구의 종말을 미리 예언해 놓은 것이라고 하여 한바탕 소란을 피웠다. 인류가 대재앙을 겪게 된다는 "2012"라는 영화까지 만들어졌다. 그러나 한편에서는 마야 달력이 2012년에 끝난 것은 마지막을 의미하는 것이 아니라 처음부터 모든 것이 다시 새롭게 시작된다는 뜻이라고 한다. 그래서 중남미 사람들은 이를 '새로운 시대가 시작된다.' 라고 해석하여 기쁘게 맞았다고 한다. 만약 마야 문명이 지금도 존재했더라면 아마도 2012년 12월에 하나의 시대를 끝내고 다시 새로운 시대를 맞는 축제를 열지 않았을까? 마치 우리가 1월 1일 해돋이를 각별히 여기듯이 말이다.

그렇다면 마야 달력의 예언은 결코 틀린 것이 아닌지도 모른다. 인류는 이제까지의 묵은 시대를 끝내고 이제 막 새로운 시대로 접어들고 있다고 할 수 있다. 바로 지구 전체의 자연자원이 전적으로 부족해지기 시작하는 시대로 말이다.

나는 화학자로서 이제 인류가 자연자원이 풍족했던 과거로 돌아가는 것은 불가능하다고 단언한다. 하지만 우리 손에는 과거에는 없었던 새로운 도구가 쥐어져 있다는 사실에 희망을 걸어 본다. 바로 고도로 발달한 과학기술 문명이다. 이제 모든 자연자원의 생산량이 내리막길을 걷게 되는 새로운 시대를 맞아 우리가 손에 쥔 과학기술 문명이 우리를 살릴 수 있는 유일한 희망이 될 것이다. 문제는 손에 쥐어져 있는 과학기술이 아니라 바로 그것을 쥐고 있는 우리의 손이 그 결과를 좌우하게 된다는 사실이다. 그 손이란 바로 실생활에서 과학기술을 활용하는 인류의 의식 구조와 행동 양식이다.

만약 과학기술 문명을 손에 쥔 인류가 그것을 잘못된 방식으로 쓴다면 최악의 경우 어떤 결과가 빚어질까? 아마도 우리의 '낙관하는 뇌'는 그러한 결말을 상상하는 것조차 거부할지도 모른다. 하지만 비관적인 결과를 진정으로 피해 가기를 원한다면 오히려 바로 지금 각자가 그러한 모습을 상상해 보는 '가상 연습'을 해 두어야 한다.

지난 2008년 나는 우연히 『로드 The road』라는 책을 사서 읽게 되었다. 이 책은 미국의 소설가 코맥 매카시_{Cormac McCarthy}가 2006년에 발표한 장편소설로, 2007년에 퓰리처 상을 수상했고 2010년에는 타임지에 '지난 10년간의 베스트북 100선' 중 1위에 선정되었다. 처음 책을 접했던 바로 다음 해인 2009년에는 내용 중 일부가 같은 이름의 영화로 제작되어 베니스 영화제에서 사람들의 이목을 끌기도 했다. 우리나라에서도 개봉되었으나 관심을 받지 못해 조기 종영되었다.

나는 한동안 그 책에서 눈을 떼지 못했다. 그 책에서는 자연자원이 부족해지는 새로운 국면에서 인류가 혹시라도 최악의 선택을 하게 된다면 그 결말이 각 개인에게 어떤 모습으로 다가오게 될지 너무나도 적나라하게 보여 주고 있었기 때문이다. 무겁게 찍어 누르는 암울함과 무력감에 가위가 눌려 밤잠을 설치기까지 했다. 바로 그 '가상연습'을 했던 것이다. 물론 그것은 어디까지나 상상 속에서의 '가상연습'이었지만, 이후 나는 오직 한 가지만을 바라는 간절한 마음이 되었다. 적어도 그러한 결과를 우리 스스로 자초하는 일은 없어야 하겠다는 것이다.

그 마음으로 이번 글을 썼고, 그래서 이 글을 읽은 독자들도 나와 같은 마음을 함께 나누기를 간절히 바란다.

창문으로 건너다보이는 언덕 너머 나지막한 산들이 온통 파헤쳐지고 까뭉개져 골프장으로 바뀌고 있는 공사 현장을 안타까운 마음으로 바라보며…….

여주에서, 박동곤

에네르기 팡

1판 1쇄 펴냄 | 2013년 6월 10일
1판 3쇄 펴냄 | 2017년 9월 12일

지은이 | 박동곤
발행인 | 김병준
편집장 | 김진형
일러스트 | 박동곤
디자인 | 디자인 붐
발행처 | 생각의힘

등록 | 2011. 10. 27. 제406-2011-000127호
주소 | 경기도 파주시 회동길 37-42 파주출판도시
전화 | 031-955-1653(편집), 031-955-1321(영업)
팩스 | 031-955-1322
전자우편 | tpbook1@tpbook.co.kr
홈페이지 | www.tpbook.co.kr

ISBN 978-89-969195-2-0 03400